AF558462

Hanf

Ein Portrait
von
Ute Woltron

NATURKUNDEN

Jenseits von richtig und falsch liegt ein Ort.
Dort treffen wir uns.

Dschalāl ad-Dīn ar-Rūmī, Sufi

NATURKUNDEN № 61

herausgegeben von Judith Schalansky
bei Matthes & Seitz Berlin

Inhalt

Portraits

Ein Gast im Garten
Einleitung

Das Schlimmste, was man mit Marihuana machen kann, ist, damit erwischt zu werden.

ALTE KIFFERWEISHEIT

Eines Frühjahrs tauchte in einem Blumenbeet meines Gartens ein verirrtes Pflänzchen auf. Als Samenkorn war es im Herbst vielleicht von einem Vogel fallen gelassen worden, der sich im Flug erleichterte, oder eine schusselige Maus hatte es auf ihrem Weg zum Nest verloren. Der Samen trieb unbemerkt Wurzeln, keimte und kämpfte sich an recht karger Stelle durch ein dichtes Fell von Katzenminze, Zwergrosen und Frauenmantel seinen Weg ans Licht. Als das Pflanzenjunge nach den Keimblättern die ersten Blättchen entfaltete, hätten selbst botanische Barbaren, die eine Eiche nicht von einer Fichte, geschweige denn Koriander von Petersilie unterscheiden können, auf den ersten Blick erkannt, dass es sich bei dem zierlichen Gewächs um eine Hanfpflanze handelte. Dunkelgrüne Blattfächer mit sieben Fingerchen samt den charakteristischen Zacken an den Rändern reckten sich der Frühlingssonne entgegen. Die Silhouette ist so unverwechselbar wie die der heraldischen Lilie.

Nur wenige Blattformen sind so emblematisch wie die des Hanfs. Sein markantes Konterfei wird weltweit am Fließband auf T-Shirts, Poster, Bettwäsche gedruckt, es gibt kaum jemanden, der es nicht kennt. Hanfblätter zieren Kaffeetassen,

Nicht erschrecken, es ist nur ein Blatt. Fünf, sieben, gelegentlich auch acht oder neun gezackte Finger trägt der Hanf.

Feuerzeuge und Handyhüllen, hängen als Piercings in Nabeln, prangen als Anhänger auf behaarter Brust oder aufreizenden Dekolletés und werden demonstrativ als Tattoos durch die Gegend getragen. Das Hanfblatt ist das Kiffersymbol schlechthin. Es hat definitiv den Reiz des Verbotenen, und wer es zur Schau stellt, zeigt damit auch stets seine Haltung: »Ich bin ein Freigeist, und wenn ich will, übertrete ich das Gesetz und zieh mir eine Tüte rein.« Oder so ähnlich.

Ich betrachtete das Pflänzchen mit den gemischten Gefühlen einer Novizin, die zwar in Jugendtagen gelegentlich den betörenden Rauch des verbotenen Joints genossen hatte, doch keineswegs in die Ordensgemeinschaft der Kiffer und Grower, also der gewohnheitsmäßigen Haschisch- und Grasraucher und heimlichen Cannabisanpflanzer eingetreten war. Da machte sich nun ausgerechnet eines dieser umstrittenen, verbotenen Geschöpfe, eine echte Cannabispflanze, in meinem Garten breit. Bei ihrem Anblick war es, als stünde ich unvermittelt einem flüchtigen Gefängnisinsassen Auge in Auge gegenüber. Was tun? Ausreißen? Oder leben lassen und beobachten, was daraus werden würde?

Da nichts über gärtnerische Experimente geht, das Grundstück zudem groß und nicht einsehbar ist und die Neugierde Wurzeln schlug, durfte der kleine Hanf bleiben. Das vitale Grünzeug sorgte für weitere Überraschungen. Es wuchs binnen der wenigen ihm zur Verfügung stehenden warmen Monate in bemerkenswerter Geschwindigkeit zu einer baumartigen, mehr als drei Meter hohen Pflanze mit kräftigem holzigen Stängel und lebhaft im Wind raschelnden Fingerblättern heran. Die Pflanze stellte schon bald alles in ihrer unmittelbaren Umgebung in ihren Schatten. Lediglich die großwachsenden Sorten der Sonnenblumen konnten halbwegs mithalten. Ein erstaunliches Gewächs war dieser artfremde Kerl allemal, wie er da zwischen gutbürgerlichen Rosenbüschen, Dahlien und Lavendel in die Höhe schoss.

In der ersten Frostnacht des anbrechenden Herbstes ging der Hanf dahin. Die Blätter welkten und fielen irgendwann ab, nur der im Durchmesser gut drei Zentimeter dicke Stängel überdauerte sogar die Winterstürme ohne Schaden. Er war zäh und hart wie Holz. Im Folgejahr trieb die Pflanze nicht mehr aus. Wahrscheinlich war sie bis in die Wurzeln erfroren oder ohnehin nur einjährig gewesen. Das gärtnerische Experiment war jedenfalls Geschichte.

Ein paar Wagemutige hatten im Herbst einige seiner Blätter geerntet, anschließend getrocknet, zerkleinert, mit Tabak gemischt und mit bangen Gefühlen zu einer Tüte gerollt und geraucht. Der laienhafte Joint schmeckte grauenhaft. Der Rauch kroch unangenehm scharf in die Nase und kratzte im Rachen, hatte zur großen Enttäuschung keinerlei Wirkung, löste keinen Rausch aus, kein High, nichts.

So kann es Amateuren ergehen, die nicht die geringste Ahnung von der Gattung Cannabis haben, und das sind die meisten von uns.

Obwohl der Hanf eine der ältesten Kulturpflanzen der Menschheitsgeschichte ist und seit jeher zu verschiedensten Zwecken angebaut wurde, herrscht Unwissenheit über diese in vielerlei Hinsicht außergewöhnliche und facettenreiche Pflanze. Das liegt sicher daran, dass der Hanfanbau seit dem vergangenen Jahrhundert durch verschiedene nationale Suchtgiftgesetze und das 180 Staaten bindende ›Einheitsabkommen über die Betäubungsmittel‹ fast weltweit verboten oder zumindest mit strengen Auflagen belegt wurde. Obwohl derzeit die seit über acht Jahrzehnten bestehende Ächtung und Kriminalisierung im Zuge der weltweiten Cannabis-Legalisierungsbewegung aufweicht, wird man in unseren Breiten kaum je über eine leibhaftige Hanfpflanze stolpern.

Es sei denn, man wagt den Schritt in die Illegalität und tritt dem Orden der Kiffer und Cannabiszüchter bei. Plötzlich öffnen sich zögernd die zuvor unsichtbaren Pforten zu geheimen Gärten, Hinterhöfen, Kellern und Wandschränken, in denen der Hanf so zärtlich umsorgt, gefüttert und gekämmt wird wie andernorts geliebte Haustiere. Wie viele Menschen tatsächlich im Verborgenen Cannabispflanzen hegen, ahnen nur die Eingeweihten und Drogenfahnder.

Sorgfältig unter dem Plumeau von Wohlanständigkeit und Gutbürgerlichkeit verborgen, wachsen in den Gärten und Wohnungen landauf, landab unentwegt zahllose Hanfpflanzen heran. Heerscharen privater und in größerem Maßstab anbauende kommerzielle Cannabis-Grower schnipseln im Geheimen liebevoll an ihren Babys herum, füttern sie mit Spezialdünger, beleuchten sie mit Wachstumslampen und fächeln ihnen über Ventilatoren Luft zu. Pflänzchen gedeihen sommers auf abgeschirmten Balkonen, auf abgelegenen Waldlichtungen und in uneinsehbaren Gartenecken, und sie wachsen das gesamte Jahr über im Kunstlicht der umgebauten Keller, in umfunktionierten Wohnräumen und städtischen Wohnzimmern, wo in biederes Mobiliar eingebaute ›Growboxes‹ so unsichtbar werden wie ein Windenschwärmer auf der Baumrinde. Links die Knabbereien und Familienspiele, rechts die heimliche Hanfplantage samt Kohlefilter für die Abluft, damit die verräterischen Cannabisgerüche nicht an Nachbars Nase dringen.

Wie groß das Feld der Cannabis-Selbstversorger ist, lässt

sich kaum ermitteln, doch es ist riesig, und es wächst. Allein in Österreich gibt es laut vorsichtigen Schätzungen von Szenekennern an die 50 000 private Kleinplantagen, in Deutschland dürften es entsprechend der Bevölkerungszahl etwa zehnmal so viele sein.

Einen wenn auch nur ungefähren Eindruck vom Ausmaß des heimlichen Hanftreibens bekommt man angesichts der wachsenden Zahl der Grow- und Headshops: Der Handel mit den Utensilien zur Hanfzucht ist legal und läuft unter dem Titel ›Pflanzenmarkt‹. Dort finden die Hobbyhanfbauern alles, was die Pflanze begehrt. Die Produktpalette reicht von Erdgemischen über Dünger, Pflanzenlampen und Ventilatoren bis zu besagten Growboxen, in denen die Hanfpflänzchen rund um die Uhr vollautomatisch betreut und belichtet werden. Auch der Verkauf von Hanfstecklingen, also etwa zehn Zentimeter großen, bewurzelten Knirpsen, ist legal. Pro Monat gehen allein in Österreich zwischen 200 000 und 300 000 Hanfstecklinge und Hanfsamen als ›Zierpflanzen‹ über die Ladentheke. Bei vorsichtiger Berechnung ergibt das eine Jahresernte von an die 1,5 Tonnen ›Gras‹. Wie groß die gehandelte Menge ist, und welcher Anteil allein den persönlichen Bedarf deckt, ist nicht bekannt.

Doch Hanf ist nicht gleich Hanf. Der Gigant in meinem Garten sah zwar aus wie eine Cannabispflanze – so der lateinische Name des Hanfs –, aus der das psychoaktive Harz Marihuana gewonnen wird, und er war nach strenger Auslegung des Gesetzes ebenfalls ein illegaler Eindringling, insbesondere ab dem Zeitpunkt seiner Blüte, aber letztlich war er so harmlos

Schönes Fräulein, darf ich's wagen? Mágū, die chinesische Göttin des Hanfs und der Langlebigkeit bringt beschwingt Blumen, Früchte und Cannabis mit.

wie seine Nachbarn, die Rosen und die Sonnenblumen. Es handelte sich um Faser- oder Futterhanf, der über die Jahrtausende nicht für die Produktion psychoaktiver Inhaltsstoffe gezüchtet und selektiert worden war, sondern als Lieferant möglichst langer, kräftiger Fasern geschätzt wurde. Der Faserhanf enthält, wenn überhaupt, nur geringe Mengen von Tetrahydrocannabinol, kurz THC, der wichtigsten psychoaktiven Substanz des berauschenden Hanfs.

Der gehaltlose kratzige Blatt-Joint war die erste Lektion während meiner Zeit als Cannabisnovizin. Diese Niederlage verlangte nach einer Erklärung. Es kostete mich einige Überwindung, ›Cannabis‹ in die Suchmaschine einzutippen, als sei schon der Begriff anrüchig und die Suche danach der Drogenbehörde eine Verfolgung wert. Wer weiß schon, welcher große Bruder über die virtuelle Schulter schaut, wo die Suchverläufe gespeichert werden, und wer sie möglicherweise analysiert?

Drogenbeauftragte, Medien, Eltern und Pädagogen haben offenbar ganze Arbeit geleistet, wenn mein Verfolgungswahn bereits solche Blüten treibt. Die Suche ergab mehr als hundert Millionen Treffer. Hundert Millionen Geschichten und Informationen, Diskussionen und Erfahrungsberichte, Ratgeber und Anleitungen, medizinische Fachartikel und Artikel über Verhaftungen und sogar Todesurteile wegen Cannabisanbau oder -konsum. Hier konnte der Hanfbanause alles über die Pflanze, ihre Aufzucht, ihre Verwendung und nicht zuletzt über ihre vieltausendjährige Geschichte erfahren.

Einer der wahllos während dieser ersten Zeit der Recherche aufgerufenen Artikel befasste sich mit der Geschichte der

Hanf-Prohibition. Im Gegensatz zur weithin bekannten und gründlich dokumentierten Alkohol-Prohibition in den Vereinigten Staaten von 1919 bis 1933, die weniger die Abstinenz amerikanischer Trunkenbolde zur Folge hatte als vielmehr Schmuggel, Schurkerei und organisiertes Verbrechen, ist die Geschichte des Hanfverbots nicht im kollektiven Gedächtnis verankert. Die Cannabishetze hat indes bis heute noch ganz ähnliche Folgen, indem sie Parallelgesellschaften und Kriminalität entstehen ließ.

Der Artikel erläuterte, wie zur Zeit der Alkohol-Prohibition verschiedene amerikanische Interessensgruppen ein weltweites Bündnis gegen die Pflanze schnürten. Seit mindestens zehntausend Jahren war der Hanf in vielen Weltgegenden kultiviert, gepflegt und in seiner Gesamtheit von Stängel über Blatt, Blüte und Samen genutzt worden. Aus Cannabis gewann man Fasern für die widerstandsfähigsten Seile und Textilien, der Hanf lieferte die Grundstoffe für das bis heute haltbarste aller je produzierten Papiere, seine Samen waren begehrtes Nahrungs- und Futtermittel, und nicht zuletzt galt er vielen Kulturen als bedeutende Medizinpflanze, die unterschiedlichste Leiden wie Migräne, Augenkrankheiten oder Gicht lindert. Von Beginn an war der Hanf ein geschätzter Begleiter der Menschheit gewesen, doch setzte dem die abenteuerliche Geschichte seiner im vergangenen Jahrhundert beginnenden und bis heute anhaltenden Kriminalisierung ein jähes Ende. Man verbot nämlich nicht nur die THC-produzierenden Hanfarten, sondern zur Sicherheit gleich alles mit dem Namen Cannabis.

Ich las zunehmend erstaunt und war am Ende völlig perplex. Von der Historie dieser offenbar von den USA ausgehenden, interessengesteuerten Prohibition des Hanfs und seiner Ächtung als gesellschaftsgefährdende, die Jugend verführende und unweigerlich Sucht und Absturz mit sich bringende Droge hatte ich nichts gewusst. Möglicherweise, dachte ich skeptisch, trägt dieser Artikel doch ein wenig zu dick auf, wenn er Baumwollindustrie, Pharmaunternehmen und einzelne fanatische Politiker als eine in der Hauptsache von Wirtschaftsinteressen gesteuerte Phalanx gegen das arme Pflänzchen anführte. Doch hatte ich mir bis zu diesem Zeitpunkt über die Kriminalisierung von Cannabis nie Gedanken gemacht, sondern den weltweiten Bann einfach als gegeben hingenommen. Auch dass vormals der Hanfanbau für die Seil-, Textil-, Nahrungs- und Papierindustrie wirtschaftlich so relevant gewesen ist, war bislang völlig an mir vorübergegangen.

Insbesondere der wirtschaftspolitische Hintergrund der Hanfverdammung faszinierte mich nicht zuletzt deshalb, weil mein Interesse als Wirtschaftsjournalistin zu dem Zeitpunkt in besonderer Weise den Ursachen von unternehmerischen Pleiten und Erfolgen sowie deren politischen Hintergründen galt. Insbesondere die Baumwollfarmer, so postulierte besagter Text, seien neben einigen Pharmakonzernen die im Hintergrund treibende Kraft für das Verbot gewesen, da ihr Produkt dem robusteren und vergleichsweise rasch wachsenden Hanf als Rohstoff kommerziell noch unterlegen war. Die Politik habe sich gemeinsam mit willfährigen Medien vor den Karren spannen lassen und schließlich legislativ die Ächtung der vielseitigen Pflanze erwirkt. Die beschriebenen Zusammenhänge klangen glaubwürdig, und Parallelen zu den heute üblichen repressiven

Auch die Skythen verwahrten Hanfsamen in den Satteltaschen, auf dass es feierabends unter den Filzdecken ihren Dampfhütten lustig zugehe.

Machenschaften von Lobbyisten waren offensichtlich. Die Geschichte der Hanf-Prohibition ist ausgezeichnet dokumentiert worden und weitaus komplizierter als hier angerissen, doch grundsätzlich ist sie genau so verlaufen.

Seit ich den letzten Joint geraucht hatte, waren zum damaligen Zeitpunkt sicher mehr als zehn Jahre vergangen. Wie viele andere hatte ich als Jugendliche zwar gelegentlich gekifft, jedoch stets nur nebenbei, wie ein Satellit, an den kreisenden Joints eingeschworener Kifferrunden teilgehabt. Nie hatte ich selbst eine Tüte gedreht, wäre niemals auf die Idee gekommen, in die finsteren Niederungen der Dealerszene hinabzusteigen, um an einer dunklen Straßenecke oder in irgendeinem Lokal Gras oder Haschisch zu kaufen. Ich kannte aber nach wie vor eine Reihe von durchweg vernünftigen Leuten, die regelmäßig Cannabis rauchten, in der Mehrzahl Hochschulprofessorinnen, Architektinnen, Universitätsdozentinnen, Unternehmensberaterinnen, Fotografinnen, Journalistinnen, Musikerinnen, Lehrerinnen und auch Ärztinnen und deren männliche Kollegen. Allesamt angesehene aufrechte Bürgerinnen und Bürger, die abends zur Entspannung gelegentlich heimlich eine Tüte durchzogen oder ihre Kopfschmerzen mit einem winzigen Joint, dem kleinen ›Spliff‹, kurierten. Die Älteren unter ihnen fanden in Cannabis Linderung für ihre Multiple Sklerose, Schlaflosigkeit oder den Grünen Star.

Sie alle besorgten sich ihr Gras – das sind die getrockneten Blüten – oder ihr Marihuana – das ist das reine, zu Blöcken oder Platten gepresste Harz – so teuer wie problemlos, denn selbst im hintersten Dorf findet sich jemand, der unter der

Hand mit dem süßen Rauch dealt, aber gezwungenermaßen auf illegalem Weg.

Das alles war mir bekannt, doch über den Anbau von Hanf wusste ich rein gar nichts, nicht einmal, welche Teile der Pflanze überhaupt zur Herstellung der Droge genutzt wurden, unter welchen Bedingungen sie zu ziehen war und vor allem, wo ich eine auftreiben könnte. Doch wer das Tischlerhandwerk der gezinkten Eckverbindung erlernen oder aber sich komplizierte japanische Flechttechniken zu eigen machen will, wird nicht zuletzt im Internet fündig, und das Gleiche gilt für die Kunst, Cannabis anzubauen, es zum richtigen Zeitpunkt zu ernten, zu verarbeiten und zu genießen.

Ich dachte nach: Zu meiner Schulzeit in der südniederösterreichischen Provinz hatte es doch immer wieder in heißen Sommern kleine Cannabisplantagen an verborgenen Stellen in den ausgedehnten Wäldern der näheren Umgebung gegeben? Stets nur ein paar Pflänzchen da und dort, nie eine Plantage großen kommerziellen Ausmaßes, aber immerhin in einer für die Selbstversorgung ausreichenden Menge. Ich hatte einen der alten aufgelassenen Steinbrüche vor Augen, ein abgelegener, trockener, heißer Ort in einer Senke, die nur mühsam über einen Klettersteig zu erreichen war. An seinem Grund neben den Jahrzehnte zuvor ausgesprengten steinernen Becken, in denen sich nach den Sommergewittern das Regenwasser sammelte, war der Boden feucht und fruchtbar und mit Huflattich, riesigen Kletterpflanzen und Himbeerhecken überwuchert. Dort hinunter waren seinerzeit regelmäßig einige Schulkollegen geklettert und hatten über mehrere Sommer hinweg erfolgreich ein paar Hanfpflanzen großgezogen. Unser

Was die Bauern auf David Teniers Gemälde Bauern rauchen in einer Schenke *(um 1640) in der Pfeife rauchen, bleibt unbekannt, doch es scheint zu schmecken.*

Klima schien demnach für ein solches Unterfangen durchaus günstig zu sein.

Den Marihuana-Schwarzmarkt zu ›konterkarieren‹, wie die Politiker sagen, und eine späte persönliche Rache an den Hanfprohibitionisten zu nehmen, war verlockend: Ich würde, so der aufkeimende kühne Plan, im Frühjahr heimlich ein, zwei Pflanzen im Garten großziehen und die Ernte an eine handverlesene Schar mir bekannter Kiffer verschenken. Auf diese Weise könnte zumindest deren illegal und daher mit Risiken erworbener Haschischanteil aus dem Kreislauf des Drogenmarkts herausgenommen werden, den ausgerechnet die Prohibition in ein einträgliches Geschäft verwandelt hatte. Kurzum: Ich beschloss, einen winzigen privaten Parallelmarkt zu gründen, indem ich die Kunst des Cannabisanbaus lernte und meine Freunde mit meinen Produkten versorgte. Unentgeltlich natürlich, aus reiner Lust am Subversiven. Weil mich die Willkür der Macht, der ich mich in den mittlerweile 20 Jahren als stolze Hanfbäuerin ausgesetzt sah und der ich mich heute trotz zunehmender Legalisierung in Form all der viel zu weit ins Private hineinreichenden Verbote und Reglementierungen noch immer ausgesetzt sehe, schon damals wütend machte.

Wenig später spülte mich der Zufall ausgerechnet nach Amsterdam. Über Cannabissamen stolpert man dort nachgerade auf jedem Blumenmarkt, den es an allen Ecken und Enden dieser Pionierstadt der Cannabislegalisierung gibt. Auf dem Heimflug befanden sich in der hintersten Innentasche meines Handgepäcks in kleine Kunststoffsäckchen eingeschweißte Samen mehrerer Cannabissorten an Bord. Sie trugen gespenstische Namen wie ›White Widow‹, ›Northern Lights‹ und ›AK47‹.

Die zufällige Reise sowie eine latente Verdrossenheit über die Geißelung der Menschheit durch die Willkür der Gesetzgeber besiegelten mein Abtauchen in die Grauzone des Illegalen und waren der Beginn meiner Karriere als Hobby-Hanfbäuerin.

Über viele Jahre hinweg blieb die gesamte Ernte ein alljährliches Geschenk an eine Handvoll Vertrauter. Ich selbst rauchte das Gras nicht, es interessierte mich nicht. Erst als der Neurologe meines Vertrauens dazu riet, zumindest den Versuch zu wagen, ein-, zweimal wöchentlich einen Joint gegen meine Dauermigräne zu rauchen, begann ich Cannabis zu konsumieren und bald als unverzichtbare Medizin zu schätzen. Heute weiß ich, dass diese Pflanze in einer Zeit der Migräneagonie mein Leben gerettet und es wieder lebenswert gemacht hat.

Nutzhanf
Die universale Pflanze

Mit hundert Kräften schütze mich, mit tausenden bewahre mich!
Der starke Indra schenke dir, du Pflanzenkönigin! Gewalt.[1]

ATHARVA-VEDA

Als der Maler Willem van de Velde der Jüngere um das Jahr 1665 das Gemälde *Holländische Segelschiffe in einer Windstille* malte, befand sich die Republik der Vereinigten Niederlande auf dem Höhepunkt des ›Goldenen Zeitalters‹. 1648 waren die Westfälischen Friedensverträge geschlossen worden, es herrschten Wohlstand, Religionsfreiheit und eine verheißungsvolle Aufbruchsstimmung. Freigeister und Verfolgte vieler Nationalitäten waren in die junge, liberale Republik geflohen, hatten Kunst und Wissenschaft beflügelt und zum Aufstieg der nun weltumspannenden See- und Handelsmacht beigetragen.

Willem van de Velde war nur einer von fast 700 Malern, die in dieser außergewöhnlichen Epoche des Wohlstandes und der kulturellen Spitzenproduktion ein Meisterwerk nach dem anderen pinselten, und dabei spielte der Hanf, vordergründig unbemerkt, in vielerlei Hinsicht eine tragende Rolle.

Zum einen wäre die Leinwand zu nennen, auf die der Holländer geduldig eine Lasurschicht nach der anderen auftrug, bis das Gewölk in der Himmelsbläue über den Schiffen die rechte Dramatik hatte, der feine Dunst über dem Meer fast greifbar war und der plastische Faltenwurf der Segel mit der vom Meister gewünschten Schwere und Müdigkeit in der Flaute hing. Das tragende Element, die unsichtbare Rückseite des schönen Seestücks ist aus Hanffasern gewebt. Die Hanfleinwand hatte in der erfindungsreichen Epoche der Renaissance die unhandlichen und schweren Bildträger aus Holz abgelöst. Auch ihre Ölfarben rührten die Maler damals nicht nur mit Leinöl, sondern auch mit aus Hanfsamen gewonnenem Öl an, das zudem als Brennstoff für die Öllampen diente.

Was nun die von Willem van de Velde fast fotorealistisch gemalten Taue und Segeltücher betrifft, so waren diese in natura ebenfalls ausschließlich aus Hanf gedreht und gewebt. Kein anderes Material hatte sich als haltbarer, reißfester und auch in widriger Witterung als verlässlicher erwiesen als die bereits seit Jahrtausenden genutzte Naturfaser. Gleich mehrere Tonnen Hanf waren vonnöten, um nur ein einziges Segelschiff auszurüsten, und darüber hinaus mussten etwa alle zwei Jahre das gesamte Tauwerk und nach jeder größeren Fahrt alle Segeltücher gegen neue ausgetauscht werden. Ohne den Hanf, der mit dem Wind einer der maßgeblichen Treibstoffe der Epoche war, hätte weder die niederländische noch eine andere Flotte die Ozeane so erfolgreich durchpflügt, wären die reich mit exotischen Gütern beladenen Handelsschiffe der Niederländischen Ostindien-Kompanie wohl schwerlich aus Indonesien, Ceylon und Südafrika in die heimischen Häfen zurückgekehrt. Ohne ihn hätte der Handel den Reichtum der jungen Nation nicht begründen können.

Die auf der kompakten und rissfesten Hanfleinwand festgehaltenen Szenerien der niederländischen Pracht dieses Golde-

Tonnenweise hängt der Hanf hier schlapp in der Flaute. Holländische Segelschiffe in einer Windstille, *Willem van de Velde der Jüngere, 1665.*

nen Zeitalters, die in solchen Mengen entstanden, dass heute in jedem halbwegs beleumundeten Museum zumindest ein paar Gemälde aus der Epoche hängen, verdankten ihre Beauftragung und Entstehung nicht zuletzt der alten Nutzpflanze Cannabis.

Erlebte der Hanfanbau im 17. Jahrhundert auch seinen kommerziellen Höhepunkt, so hat doch die Pflanze seit jeher der Menschheit treue Dienste geleistet. In der Dzudzuana-Höhle in Georgien fanden Archäologen Hanffasern, die irgendjemand vor ungefähr 34 000 Jahren in der Wildnis des Paläolithikums gesammelt hatte, der offenbar bereits wusste, dass unter allen Pflanzen der Hanf die kräftigsten Fasern liefert.

Hart, lang und störrisch sind die Stängel des Faserhanfs. Früher waren ganze Familien mit der Gewinnung der Fasern gut beschäftigt.

Vor zumindest 4800 Jahren waren auch die Chinesen bereits damit befasst gewesen, Cannabis anzubauen und daraus Seile zu drehen. Mit großer Wahrscheinlichkeit hat es in China auch damals schon verschiedene Hanftextilien gegeben, auch wenn kein Artefakt erhalten blieb. Die ältesten Hanftextilfunde Europas stammen jedenfalls aus der Zeit zwischen 800 und 400 vor unserer Zeitrechnung.

Fast ebenso betagt sind die ältesten erhaltenen Papierrelikte, und auch diese bestehen aus Hanf. Archäologen fanden die antiken Papierfetzchen, ›Baquiao-Papier‹ genannt, an der Rückseite eines Bronzespiegels in einem mehr als 2000 Jahre alten

Grab der Westlichen Han-Dynastie in der Provinz Shaanxi in Zentralchina. Cannabis spielte bei der Erfindung des Papiers also die tragende Rolle und war fast zwei Jahrtausende lang die wichtigste Zutat. Bis zur Einführung des billigeren, qualitativ jedoch vergleichsweise minderwertigen Holz-Zellulose-Papiers war Hanf der Papierrohstoff Nummer Eins.

Die Gutenberg-Bibel ist auf Hanfpapier gedruckt worden, die ersten beiden Entwürfe der amerikanischen Unabhängigkeitserklärung wurden auf Hanfpapier geschrieben, und die gesamte Weltliteratur von Cervantes bis Schiller erschien ebenfalls in aus Hanfpapier gebundenen Büchern. Literaten nach 1850 mussten sich mit dem billigeren und weitaus weniger haltbaren Zellstoffpapier arrangieren, an dem die Zeit zu nagen beginnt und das im Gegensatz zum haltbaren Hanfpapier unweigerlich nach und nach zerfällt.

Abgesehen von den Fasern für Stoffe, Seile und Papier spendete der Hanf jedoch noch ein weiteres Benefizium. Die Samen und das daraus gepresste Öl waren über Jahrtausende von China über Indien bis Nordafrika und Europa elementarer Bestandteil menschlicher Nahrung.

Tatsächlich spielte der Hanf neben seiner großen wirtschaftlichen Bedeutung zeitweise auch in der Politik und Finanzindustrie immer wieder eine Rolle, und das bereits erstaunlich früh. Ab 500 vor Christus konnten die Chinesen die Regierungssteuer mit Hanfstängeln begleichen. Karl der Große forderte von seinen Bauern um 900 per Dekret explizit den Anbau von Hanf, gestattete ihnen jedoch großzügig, die Steuern mit Hanfsamen zu begleichen. Dasselbe befahl in England 1533 Heinrich VIII.

Vogelnetze und Fischerleinen liegen der Pflanze zu Fuße, aus der sie gemacht sind. Der fruchtbringenden Gesellschaft, *1634.*

Im Jahr 1611 erreichte der Hanf schließlich auch Nordamerika und etablierte sich dort binnen kürzester Zeit als eines der wichtigsten Agrarprodukte. Ab den 1630er-Jahren bis in das frühe 19. Jahrhundert galt Cannabis als gesetzliches Zahlungsmittel, mit dem man Geschäfte abwickeln und Steuern bezahlen konnte. Die Präsidenten George Washington und Thomas Jefferson waren beide Hanfbauern, die ersten Jeans von Levi-Strauss wurden aus Hanf-Baumwoll-Denim geschneidert. All diese Geschäfte mit der vielseitigen Pflanze liefen lange Zeit sehr gut, bis ein paar wesentliche technische Errungenschaften das Ende des Hanfzeitalters einläuteten.

Mit der Erfindung der Dampfmaschine lösten Ozeandampfer die Segelschiffe ab, und die bisher treue Kundschaft der Seilereien und Textilwebereien stellte ihre Aufträge ein. Als Ende des 18. Jahrhunderts schließlich noch die ersten Baumwollerntemaschinen über die Felder zu fahren begannen und Baumwollstoff konkurrenzlos billig wurde, begann der Hanfanbau zusehends abzunehmen. Nur während des Zweiten Weltkriegs erlebte er wegen der Ressourcenknappheit und darniederliegenden Handelsbeziehungen noch einmal eine kurze Renaissance in Europa und in den USA. Das amerikanische Landwirtschaftsministerium schwor die Bauern mit dem bombastischen Propagandafilm *Hemp for Victory* auf die Produktion des kriegswichtigen Rohstoffs ein, und der Reichsnährstand des Deutschen Reichs gab zur gleichen Zeit *Die lustige Hanffibel* heraus, eine illustrierte und in Reimen abgefasste Ode an den Hanf:

Wer Wäsche seilt bei Wind und Wettern,
wer mit dem Bergseil hoch will klettern,
wer weben will und feste binden,
wer segelt unter starken Winden,
wer mit dem Tau am Kai hantiert,
wer mit dem Strick den Bullen führt,
wer Pferde muß mit Lasso fangen,

wer will, daß Fisch' im Netze hangen,
wer mit dem Schlauch bekämpft die Brände,
wer baumelt an des Schwimmgurts Ende,
wer auf Strickleitern klettert steil,
wer tanzt und turnt hoch auf dem Seil,
wer in dem Boxring, arg zerhauen,
sich retten muß zu Seil und Tauen,
wer abseilt tief in finstre Schächte –
der nehme nur die Hanfgeflechte!

Im gleichen Atemzug mit der Cannabis-Prohibition, die im Laufe des 20. Jahrhunderts fast die gesamte Welt bis auf Chile, China, Korea und Frankreich erfasste, wurde vielerorts auch der Anbau von Nutzhanf verboten. Erst seit den 1990er-Jahren lockern sich die Vorschriften wieder, und der Hanfbauer kehrt in den USA und auch in Europa da und dort zurück.

Hanffasern liefern heute die Grundstoffe für besonders haltbare Leichtpapiere, für Dämmstoffe und für Verbundwerkstoffe, wie sie die Autoindustrie etwa in Form von Türinnenverkleidungen mittlerweile standardmäßig einsetzt.

Die Hanfsamen, botanisch betrachtet eigentlich Nüsschen, sowie das daraus gepresste Hanföl sind immer häufiger in diversen Reformabteilungen zu finden, da sie als ausnehmend gesund gelten. Weniger erfolgreich ist allerdings bisher die Rehabilitierung des Hanfs als Rohstoff für die Textilindustrie. Dass die Pflanze nur mit speziellem Gerät geerntet und die Fasern vor der Weiterverarbeitung sehr aufwendig aufgeschlossen werden müssen, macht den Hanf zu einem verhältnismäßig teuren Stofflieferanten.

Ging es um militärische Zwecke, war die Hanf-Prohibition freilich rasch ausgesetzt. US-Propaganda-Plakat während des Zweiten Weltkriegs aus dem Jahr 1943.

Dazu kommt, wie viele Hanfbauern immer wieder klagen, der schlechte Ruf der Pflanze bei der Bevölkerung als Drogenlieferant, obwohl Nutzhanfsorten bei einem zugelassenen Maximalgehalt von 0,2 Prozent THC nur verschwindend kleine Mengen von Halluzinogenen enthalten.

Die Einträge in den Lexika dokumentieren den radikalen Imagewandel im Verlauf der Zeiten. In *Pierer's Universal-Lexikon* aus dem Jahr 1857 steht noch folgende Definition:

> Hanf, *1) die als* Cannabis sativa *bekannte Pflanze; 2) das aus dem Bast der Stängel derselben gewonnene Handelsproduct. Die Benutzung der Pflanze hierzu ist sehr alt; nach Herodot wurde sie schon zu seiner Zeit in Thracien angebaut u. der davon gewonnene H. zu Kleidern verarbeitet, welche den leinenen gleich kamen; die Griechen verfertigten Säcke, die Römer auch Segeltücher daraus.*

Die Online-Ausgabe des *Brockhaus* hingegen legt im Jahr 2020 den Schwerpunkt auf ein anderes Merkmal:

> Hanf, Cannabis, *Gattung der Hanfgewächse mit der einzigen Art Gewöhnlicher Hanf* (Cannabis sativa). *Beheimatet ist der Hanf in Indien, in Iran und Afghanistan. Die bis 3,5 m hohen einjährigen Pflanzen sind zweihäusig und besitzen handförmig gefiederte Blätter. Bei den weiblichen Blütenständen sitzen v. a. an den Tragblättern der Blüten Drüsen, die ein Harz ausscheiden, das gesammelt und als Haschisch gehandelt wird.*

Prohibition

Die verbotene Pflanze

Die schönsten Träume von Freiheit werden ja im Kerker geträumt.[2]

FRIEDRICH VON SCHILLER

Claudia C. erreichte den Heimatflughafen mit der Erleichterung derjenigen, die zwei Wochen geschäftlich auf der anderen Seite der Erdkugel in Singapur, Malaysia, Indonesien und so weiter unterwegs gewesen war. Eine Wirtschaftsdelegation. Korrekte Asiaten in Nadelstreifenanzügen. Polyglotte Europäer, die bereits vor langen Jahren gelernt hatten, im Fernen Osten ihre Visitenkarten mit beiden Händen zu überreichen und im Nahen Osten immer Socken ohne Löcher zu tragen. Man wollte sich schließlich nicht mit Spott und Schande bedecken wie seinerzeit Weltbankchef Paul Wolfowitz, der der Weltöffentlichkeit unfreiwillig seine großen Zehen präsentiert hatte, als er beim Betreten einer Moschee aus seinen Schuhen schlüpfen musste. Neben all den Höflichkeiten die üblichen anstrengenden Verhandlungen, der Rückflug war lang gewesen, die Delegation maulfaul, sie wollte jetzt nur noch die Passkontrolle hinter sich bringen und dann endlich heim.

Während Claudia C. geduldig in der Schlange wartete, kramte sie in den Tiefen ihrer Handtasche nach dem Dokument. Wie immer waren viel zu viele Dinge darin, das Durcheinander groß. Sie durchstöberte alle Fächer, tastete zuletzt noch in der mit Reißverschluss gesicherten hintersten Innentasche und schnappte in der Sekunde, als ihre Finger auf das kleine, in Silberpapier eingewickelte Päckchen stießen, unwillkürlich nach Luft – vergeblich, ihr war, als wollten ihr augenblicklich die Sinne schwinden.

»Death for Drug Trafficking« ist eine der ersten von vielen auf Plakaten prangenden Warnungen dieser Art, die Touristen auf den Flughäfen von Singapur, Indonesien, Malaysia und anderen asiatischen Ländern unmissverständlich darüber aufklären: Wer in dieser Weltgegend mit Drogen erwischt wird, bekommt ernste Probleme. Claudia C., eine durch und durch enthaltsame Person, die weder Alkohol trinkt noch Zigaretten raucht und noch nie auch nur im Entferntesten daran gedacht hat, illegale Substanzen zu konsumieren, hatte zu ihrem eigenen Entsetzen mit einem Stück Haschisch in der Handtasche gleich mehrere dieser Länder durchquert. Kurz vor dem Businesstrip hatte sie das Cannabisharz als Geburtstagsgag für einen als notorischen Kiffer bekannten Jubilar über Bekannte besorgt, war allerdings vor der hektischen Abreise nicht mehr dazu gekommen, das ihres Erachtens originelle Geschenk zu überreichen, und hatte es schlicht in ihrer Handtasche vergessen. Auch so kann der Mensch einen Ritt über den Bodensee unternehmen.

Vor allem in Asien, in Nordafrika und im Mittleren Osten sind die Strafen für Besitz und Handel von Drogen und damit auch von Hanfprodukten drakonisch. In 40 Nationen weltweit steht, zumindest auf dem Papier, auf Rauschgiftdelikte wie Konsum und Besitz das Todesurteil oder auch langjährige Haftstrafen, in einigen islamischen Ländern die öffentliche Auspeitschung.

Erst ab etwa 1900 musste der Hanf aus den Medizinbüchern in die Abteilung für Giftpflanzen übersiedeln.

In acht dieser Nationen zählt Cannabis neben Heroin, Kokain und anderen großkalibrigen Suchtmitteln zu den Substanzen, die der Souverän als derart gefährlich erachtet, dass er zur Strafe für deren Besitz und Konsum zur Abschreckung Menschen töten lässt.

Laut *Amnesty International* verhängten allein im Jahr 2017 15 Länder Todesstrafen wegen Drogenbesitz, allein in Nordafrika und dem Mittleren Osten wurden noch in demselben Jahr 264 vollstreckt.

Genaue Statistiken über Art, Umfang und Anzahl der Bestrafung von Cannabisbesitz oder Handel weltweit sind nicht aufzutreiben. Konkrete Zahlen gehen in den umfangreichen Datenwerken zum Thema Drogen unter und sind, wenn überhaupt, nur länderweise zu eruieren. Doch zahlreiche Fakten dokumentieren die Auswüchse des internationalen ›Kampfs gegen die Drogen‹ und Hanf im Speziellen. So sitzen allein in Malaysia mehr als 50 Menschen wegen Cannabisbesitz in Todeszellen, zum Teil bereits seit vielen Jahren. Auch in den USA klickten noch im Jahr 2010 alle 37 Sekunden irgendwo Handschellen wegen Gesetzesübertretung im Zusammenhang mit Hanf, fünf Jahre später geschah dies immerhin nur alle 49 Sekunden. Bevor die Bestrebungen zur Legalisierung in Amerika Fahrt aufnahmen, wurden in den USA jährlich mehr Menschen wegen des Besitzes von Cannabis verhaftet als wegen aller Gewalttaten insgesamt.

Geschichten von Touristen und Backpackern, die in Singapur, Malaysia und andernorts mit Gras erwischt wurden und im Gefängnis landeten, gehen seit den 1960er-Jahren weltweit immer wieder durch die Medien. Viele dieser Fälle sind gut dokumentiert. Und wenn man auch mit den Schicksalen Einzelner durchaus Mitleid empfand, so doch nur in Maßen.

Jahrzehntelang herrschte das breite öffentliche Einverständnis, Cannabis sei ein gefährliches Suchtmittel. Marihuana und Gras galten außerdem als eine Art Kerosin der Drogenszene, als Zunder, der den großen Pott aller illegalen Substanzen bis hin zu Heroin und Kokain anheizte. Denn Kiffer, so die diffuse Gefühlslage der vermeintlich kundigen Bürgerinnen und Bürger, waren nichts anderes als die Riege potenzieller Nachwuchsjunkies, aus der sich die kommende Generation der Drogensüchtigen speiste. Obwohl die These von Cannabis als Einstiegsdroge bereits vor Jahrzehnten und bis heute wiederholt widerlegt wurde, sitzt sie nach wie vor so hartnäckig in den Köpfen fest wie das geozentrische Weltbild, bevor Nikolaus Kopernikus endlich mit der Annahme, Mensch und Erde stünden im Zentrum des Universums, aufräumte.

Den Hanf umgibt die Aura des Verbrechens und Bösen. Kiffer, so die landläufige Meinung, sind waschechte Kriminelle und stehen immer kurz vor dem Absturz in die Sucht, den Untergang, und nicht zuletzt den selbst verschuldeten Drogentod. Dass der Konsum von Cannabis im Gegensatz etwa zu dem von Alkohol und Tabak nicht zu physischer Abhängigkeit führt und auch noch nie jemanden umgebracht hat, wissen bis heute die wenigsten.

Doch wie konnte es überhaupt zu einer derart mächtigen Phalanx gegen eine vergleichsweise harmlose Pflanzendroge kommen? Wie ist zu erklären, dass fast die gesamte Welt im

Er darf zurecht zufrieden dreinblicken: Bauer mit einem kapitalen Faserhanf-Exemplar 1922 am Fuße des südamerikanischen Aconcagua.

20. Jahrhundert einem Gewächs, das man in vielen Kulturen über Jahrtausende wertgeschätzt hatte, den Krieg erklärte? Tatsächlich ist die lange Geschichte der Hanf-Prohibition äu-

ßerst vielschichtig. Sie entwickelte sich über Jahrzehnte und war selten von rationalen Argumenten begleitet. Die Befürworter des Cannabis malen in diesem Zusammenhang gerne Schwarz-Weiß-Bilder, die sich bei genauer Betrachtung zwar nicht zur Gänze auflösen, weil vieles darin zutrifft, sich aber doch als recht unscharf erweisen.

Die gängige Argumentation beruft sich so gut wie immer auf Vorgänge in den 1930er-Jahren: Der mächtige, mit allen Wassern der Propaganda gewaschene und zum Filz politischer und wirtschaftlicher Seilschaften gehörende Harry Jacob Anslinger (1892–1975) sei letztlich an allem schuld. Ab 1930 nahm er als erster Vorsitzender des neu gegründeten *Federal Bureau of Narcotics* die Zügel in die Hand und erwirkte als willfähriger, von diversen Interessensgruppen gesteuerter Exekutor im Jahr 1937 den berüchtigten ›Marihuana Tax Act‹ und damit die erste nationale Verfolgung der Cannabispflanze. Anslinger war ein Kind seiner Zeit, und wenn auch ein ausgesprochen durchsetzungsfähiges und autoritäres, so hat er doch die Cannabis-Prohibition nicht allein erfunden. Er war lediglich der Erste, der für ein drakonisches Gesetzeswerk gegen Cannabis auf flächendeckend nationaler Ebene sorgte, und er war der Polemischste von allen Hanfgegnern.

Für den Kreuzzug gegen Drogen rüstete man sich in den USA tatsächlich bereits zu Beginn des 20. Jahrhunderts. 1906 unterzeichnete Präsident Theodore Roosevelt den ›Pure Food and Drug Act‹. Das Gesetz war jedoch nicht ausgearbeitet worden, um Rauschmittel aller Art zu verbannen, sondern um den Handel damit zu kontrollieren. Es sah im Dienste der Konsumenten unter anderem eine geregelte Verschreibungs- und Deklarationspflicht bestimmter Substanzen in Nahrungsmitteln und den damals gängigen und modernen Gesundheitselixieren und Wundermittelchen vor. Die Konsumenten sollten schließlich wissen, welche Inhaltsstoffe die pharmazeutischen Produkte enthielten.

Auf der Liste der zehn fortan auf dem Beipackzettel anzugebenden, weil als suchterzeugend und gefährlich eingestuften Ingredienzien stand neben Alkohol, Morphium und Opium auch Cannabis. Im Jahr 1911 erließ Massachusetts folglich als erster Staat der USA eine Verordnung zum Verkauf von ›Indian Hemp‹, wie *Cannabis indica* genannt wurde. Die beliebten cannabishaltigen Medikamente waren zwar nach wie vor in Apotheken erhältlich, durften jedoch nur noch gegen Rezept ausgegeben werden. Ab 1913 begannen auch andere Bundesstaaten die Gesetzesschrauben anzuziehen. Kalifornien, Wyoming, Maine und Indiana verboten im ›Poison Act‹ nicht nur stärkere Drogen wie Heroin und Opium, sondern im gleichen Atemzug auch das Cannabis. 1915 folgten Utah und Vermont, 1917 Colorado, 1923 Iowa, Oregon, Washington und Vermont. Ab 1931 galt in Texas bereits die Todesstrafe für den Besitz von Cannabis, und bis 1933 schlossen New York, Idaho, Kansas, Montana, Nebraska, Illinois, Texas, North Dakota und Oklahoma mit gesetzlichem Cannabis-Verbot auf.

In der Zwischenzeit begann die nationalweite Dürreperiode durch die Prohibition. Ab 1920 waren der Verkauf, die Herstellung und der Konsum von Alkohol verboten, erst dreizehn Jahre später sollte das verhasste Gesetz wieder fallen. 1930, im Herbst dieser für Alkoholkonsumenten mageren und für das organisierte Verbrechen so fruchtbaren Phase, trat Harry Jacob Anslinger schließlich auf den Plan.

Der ehrgeizige Sohn eines deutsch-schweizerischen Immigrantenpaares war durch und durch Republikaner und außerdem der angeheiratete Neffe des damaligen Finanzministers Andrew W. Mellon. Ein echter Seilschafter also, und ein Mann, der sich auf den Tanz der Macht auf dem Parkett der Politik verstand. Als er sein Amt als Chef der Drogenbehörde antrat, genehmigte der Kongress dem von seinem Schwiegeronkel begründeten *Federal Bureau of Narcotics* ein Budget von jährlich 1,7 Millionen Dollar. Doch die Große Depression hatte die Nation seit 1929 fest im Griff, und die Drogenszene schien dank der bereits geltenden Gesetze ohnehin in ihre Schranken verwiesen worden zu sein. Der Kongress kappte in den folgenden drei Jahren kurzerhand die finanziellen Mittel der Drogenbehörde um 700 000 Dollar. Die Drogenfahnder sahen sich auch mangels Bestechungsgeldern außerstande, ihr Informantennetz aufrechtzuerhalten, und abgesehen von Kleindealern und hier und da aufgegriffenen Leuten, die im Besitz von Drogen waren, fing das Büro keine größeren Fische.

Anslingers Nerven lagen blank. 1935 musste er sich »wegen nervöser Belastung«[3] in Behandlung begeben. Während seiner Abwesenheit verdichtete sich der politische Unwillen gegen ihn und das Büro. Es gäbe zu wenig Verhaftungen, die Behörde sei ein Flop. Zwei Jahre nachdem 1934 Henry Morgenthau in seinem neuen Amt als Finanzminister die Drogenbehörde unterstellt worden war, beschwerte er sich bei Anslinger über den mangelnden Erfolg des Unterfangens. Der sah seinen Posten in Gefahr und benötigte dringend eine Rechtfertigung, ein Thema, in das er sich verbeißen, eine neue Gefahr, die er erst heraufbeschwören und dann heldenhaft würde abwenden können. Die Lösung seiner Probleme lag in der Luft – Marihuana.

Anslinger warf die Propagandamaschinerie an. In glühenden Reden und polemischen Zeitungsartikeln geißelte er den bevorstehenden Untergang der unschuldigen amerikanischen Jugend, die seiner Meinung nach zusehends in die Fänge dieser diabolischen Droge geriet. Ein ihm zugeschriebenes Zitat veranschaulicht, wen er für die Missstände verantwortlich machte:

> *Es gibt insgesamt 100 000 Marihuana-Raucher in den USA und die meisten davon sind Neger, Hispanos, Filipinos und Unterhaltungskünstler. Ihre satanische Musik, Jazz und Swing, sind eine direkte Folge des Marihuana-Konsums. Dieses Marihuana lässt weiße Frauen sexuelle Beziehungen mit Negern, Unterhaltungskünstlern und Anderen eingehen.*

Ob diese von Cannabis-Befürwortern oft zitierten Aussagen tatsächlich von Anslinger stammen, konnte nie geklärt werden, dass seine Kampagne gezielt auf rassistische Vorurteile abzielte, steht jedoch fest.

Peter Barton Hutt, Mitglied der juristischen Fakultät der Universität Harvard, schreibt in einer Studie, Anslinger habe über das *Bureau of Narcotics* gezielt Gerüchte streuen lassen. Von »farbigen College-Studenten« wurde da gemunkelt, die weiße Studentinnen zum Marihuanakonsum verführen und während des Rauschs schwängern würden, und von »Negern«, die unter dem Einfluss der Droge Mädchen entführten und mit Geschlechtskrankheiten ansteckten.[4]

Tatsächlich waren es vor allem mexikanische Wanderarbeiter gewesen, die ab Ende des 19. und Anfang des 20. Jahrhunderts das Marihuana in Amerika bekannt gemacht hatten, so wie die chinesischen Immigranten eine Generation zuvor das ebenfalls in Misskredit geratene Opium. In Mexiko war Cannabis seit jeher die Freizeitdroge der Arbeiterschaft gewesen, und die 70 000 mexikanischen Fabrik-, Farm- und Eisenbahnarbeiter, die während des Ersten Weltkriegs wegen des Arbeitskräftemangels in die USA geholt worden waren, dachten nicht daran, sich die angestammte Sitte verbieten zu lassen, und versüßten sich weiterhin ihren Feierabend mit Marihuana. In den 1920er-Jahren veranlasste die Revolution im eigenen Land weitere hunderttausende Mexikaner dazu, in die USA zu flüchten. Cannabis hielt großflächig Einzug in den Arbeitersiedlungen, Bars und nicht zuletzt in den Jazzclubs der großen Städte, allen voran Chicago und der Rotlichtbezirk von New Orleans.

Im *Handbook of Drug Control in the United States* ist nachzulesen, dass ab 1920 der Gebrauch von Marihuana vor allem unter »Minderheiten«, den »Schwarzen im Süden« und »illegalen Einwanderern aus Mexiko« weit verbreitet war.

> *Angesichts des sozialen und politischen Klimas dieser Periode erstaunt es nicht, dass der Gebrauch der Droge zu einer dringenden Angelegenheit öffentlichen Interesses wurde.*

Als Sorgenvollster von allen gab sich Harry Anslinger:

> *Wie viele Morde, Selbstmorde, Raubüberfälle, Gewaltverbrechen, Einbrüche und Taten manischen Irrsinns es alljährlich verursacht, hauptsächlich unter der Jugend, kann lediglich vermutet werden,*[5]

wütete er 1937 in einem Artikel für das *American Magazine*, kurz bevor er seinen ›Marihuana Tax Act‹ und damit das erste nationale Anti-Drogen-Gesetz vor dem Kongress durchbrachte.

Auch vor dem House of Representatives hatte er in den Jahren zuvor flammende Reden gehalten und 1937 Cannabis als ›Monster‹ beschrieben, dessen katastrophale Wirkungen nicht abschätzbar seien:

> *Manche Menschen fallen in eine wahnsinnige Raserei, sie sind vorübergehend verantwortungslos und können gewalttätige Verbrechen begehen. Andere werden unkontrolliert lachen.*[6]

Die Anti-Marihuana-Propagandawelle erreichte ihren Höhepunkt mit heute nur noch als albern zu bezeichnenden Kinofilmen wie *Reefer Madness* aus dem Jahr 1936 und *Assassin of Youth* von 1937, die dramatische Szenen von Mord und Totschlag nach Marihuanakonsum an die Leinwand warfen. Der ehemalige Chefberater der amerikanischen Gesundheitsbehörde Prof. Peter Barton Hutt resümiert:

> *Es weist vieles darauf hin, dass Papier- und Textilproduzenten, Chemiekonzerne und andere Teile der Wirtschaft, die mit der Hanfindustrie in der Produktion von Papier und anderen Hanfprodukten in Konkurrenz standen, auch zu dem Druck auf die Politik beitrugen, der im Verbot von Marihuana resultierte.*[7]

Mit der Unterschrift von Präsident Roosevelt im Oktober 1937 trat also schließlich der ›Marihuana Tax Act‹ in Kraft, bis er Anfang der 1970er-Jahre vom ›Controlled Substances Act‹ ersetzt wurde. Mit Richard Nixon, dem damaligen Präsidenten der Vereinigten Staaten, trat ein würdiger Nachfolger Harry

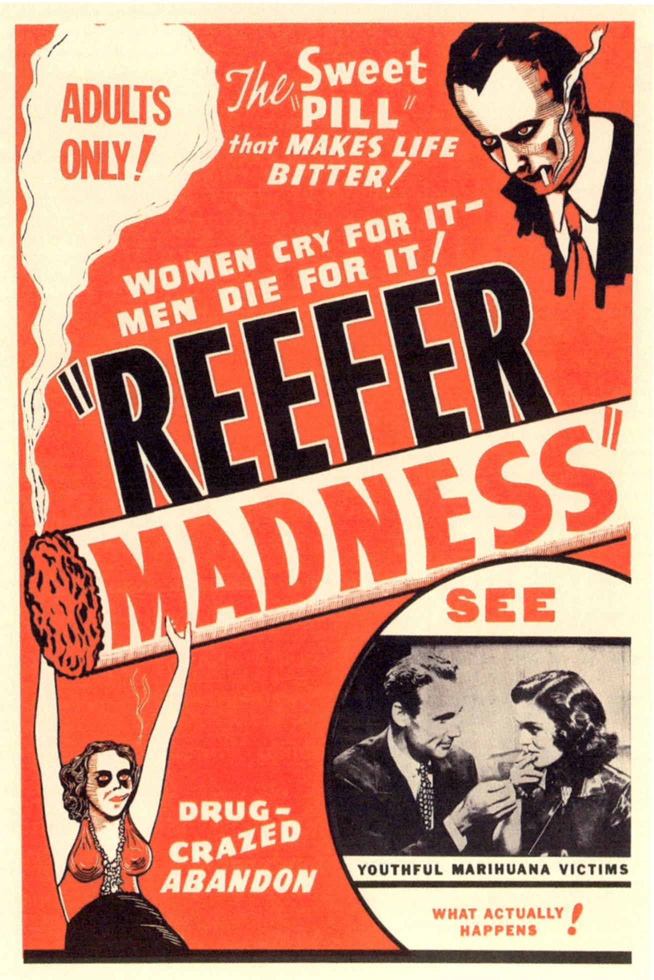

Hemmungslos, obszön, mordlüstern – Marihuana verwandelte Amerikas Jugend in Tobsüchtige, wenn auch nur in den Anti-Cannabis-Kinofilmen der 1930er-Jahre.

Anslingers in den Ring. Er erklärte den ›Krieg gegen die Drogen‹ in einer Zeit, als der Vietnamkrieg seinen brutalen Höhepunkt erreichte und die Gegenkultur der Hippies unter Protest Cannabiswolken aufsteigen ließ. John Ehrlichman, Nixons Chefberater für innere Angelegenheiten und eine der Schlüsselfiguren in der Watergate-Affäre, hatte im Jahr 1994 nicht mehr viel zu verlieren, als er dem Journalisten Dan Baum in einem Interview mitteilte:

> *Die Nixon-Kampagne 1968, und danach das Weiße Haus unter Nixon, hatte zwei Feinde: die linken Kriegsgegner und schwarze Menschen. Verstehen Sie, was ich Ihnen sagen will? Wir wussten, dass wir es nicht illegal machen konnten, gegen den Krieg oder schwarz zu sein, aber indem wir die Öffentlichkeit dazu brachten, die Hippies mit Marihuana und die Schwarzen mit Heroin zu assoziieren, und beides streng kriminalisierten, konnten wir diese Bevölkerungsgruppen schwächen. Wir konnten ihre Anführer festnehmen, Razzien in ihren Häusern durchführen, ihre Treffen auflösen, und sie Abend für Abend in den Nachrichten diffamieren. Wussten wir, dass wir logen, was die Drogen anging? Natürlich wussten wir das.*[8]

Eine von Nixon eingesetzte *National Commission on Marihuana and Drug Abuse,* unter dem Vorsitz des Gouverneurs von Pennsylvania Raymond P. Shafer, sollte eigentlich die Gefahren von Cannabis einmal mehr in leuchtenden Farben ausmalen. Sie kam jedoch 1972 zu dem für den Präsidenten desaströsen Schluss:

> *Die Kommission ist einstimmig der Meinung, dass der Konsum von Cannabis kein solch gravierendes Problem darstellt, dass es die*

> *Strafverfolgung von Konsumenten des Cannabis oder Einzelner, die es zu diesem Zweck besitzen, rechtfertigen würde.*[9]

Nixon ignorierte die als ›Shafer Commission‹ berühmt gewordene Untersuchung, und auch seine Nachfolger hielten verbissen am Krieg gegen Drogen und damit an der Kriminalisierung von Cannabis fest.

> *Ich habe jetzt den absoluten Beweis, dass das Rauchen auch nur einer Marihuanazigarette einen Hirnschaden anrichtet, der der Explosion einer Wasserstoffbombe auf dem Bikiniatoll gleicht,*

soll zum Beispiel Präsident Ronald Reagan gedonnert haben, dem offenbar in Zeiten des Wettrüstens kein besserer Vergleich eingefallen war.

Es sollten 35 Jahre vergehen, bis mit Barack Obama ein Präsident der Vereinigten Staaten freimütig über seinen eigenen Cannabiskonsum in Jugendjahren Auskunft gab, natürlich habe er inhaliert, das sei ja gerade der Punkt gewesen, und die ersten Vorboten der Cannabis-Legalisierung Gestalt annahmen. Nach einer Volksabstimmung beschloss man 2013 in den Bundesstaaten Colorado und Washington, den Anbau, Besitz, Verkauf und Konsum der ›diabolischen Droge‹ Hanf zu legalisieren. Mittlerweile haben weltweit zahllose Staaten von Argentinien bis Südafrika, Russland, Australien und Israel, um nur ein paar Beispiele zu nennen, ihre Cannabisgesetze gelockert. Die Entkriminalisierung schreitet auch in Europa voran. Liberalisierung in unterschiedlicher Abstufung erfolgte bis dato in Österreich, Belgien, Kroatien, Tschechien, Dänemark, Finnland, Deutschland, Italien, Luxemburg, Norwegen, Polen,

Portugal, Slowenien, Spanien, der Schweiz und Großbritannien. Damit nähern sich die Nationen den liberalen Niederlanden an, wo der Besitz von 30 Gramm Cannabis schon seit 1976 erlaubt ist.

Auch wenn sich Berichte über Cannabis als Medikament und letztlich vergleichsweise harmloses Genussmittel neuerdings häufen, lassen sich 80 Jahre Propaganda nicht so schnell aus den Köpfen tilgen. Es wird noch lange dauern, bis die Gehirnwäsche Anslingers und seiner Nachfolger überwunden ist.

Bioshit

Cannabis ziehen

Vom Samen dieses Hanfes nehmen die Skythen, wenn sie unter das Filzzelt schlüpfen, und werfen ihn auf die glühroten Steine; das gibt dann einen Qualm und einen Dampf, dass kein hellenisches Schwitzbad dagegen ankommt. Die Skythen fühlen dabei ein wohliges Behagen, dass sie vor Lust aufjubeln.[10]

HERODOT

Im Lichte all der fest verankerten Vorurteile und im vollen Bewusstsein, dass der Besitz von Pflanzen ab dem Moment ihrer Blüte illegal ist, war es eine von bangen Gefühlen begleitete Angelegenheit, ab Februar meine erste aus Samen gezogene Hanfgeneration heranwachsen zu sehen. Doch ich hielt es wie Arnold Schwarzenegger: Dies war schließlich keine Droge, sondern ein Blatt. Ein kleines Treibhaus sorgte für wachstumsfördernde Luftfeuchtigkeit, eine helle, doch nicht allzu sonnige Fensterbank für optimale Lichteinstrahlung. Die Samen keimten innerhalb einer Woche, und es war ein Vergnügen, den Pflänzchen beim Wachsen zuzuschauen. Cannabis gedeiht unheimlich schnell. Die Pflanzen können in ihren rapidesten Wachstumsphasen gegen Ende des Sommers unter idealen Bedingungen bis zu zehn Zentimeter pro Tag zulegen. Doch noch waren sie daumenlange Knirpse, deren Wurzeln in espressotassengroßen Töpfen Platz fanden, bis im März die stramme fingerblättrige Riege in größere gesetzt und aus dem mittlerweile eng gewordenen Minitreibhaus befreit werden musste. Bis Mitte Mai entwickelten sich die Pflanzen auf einem sonnigen Fensterbrett auf das Erfreulichste. Sie bekamen regelmäßig Nahrung in Form gewöhnlichen Flüssigdüngers für Zimmerpflanzen, und sobald keine Frostnächte mehr zu erwarten waren, übersiedelten sie in mittlerweile recht großen Blumentöpfen an eine windgeschützte Stelle ins Freie.

Sie gediehen tadellos und mussten, weil ich ihr Wachstum völlig unterschätzt hatte, immer wieder umgetopft werden, bis ich schließlich einsichtig wurde, zum nächstgelegenen Baumarkt fuhr und mit den größten der dort gestapelten Pflanzgefäße wieder heimkehrte. Bis in den September hinein war nichts weiter zu tun, als kräftig zu gießen, selbstverständlich biologisch zu düngen und dem Wuchs eines prächtigen Cannabiswäldchens aus fünf Pflanzen beizuwohnen.

Bis zu diesem Zeitpunkt war es einfach gewesen, die Miniplantage versteckt zu halten, doch irgendwann geriet nicht der Anblick der mittlerweile fast mannshohen Gewächse zum Problem, weil sich in einem großen, wilden Garten allerlei wunderbar leicht verstecken lässt, sondern die olfaktorische Entwicklung bereitete mir zunehmend Sorge. Bis dahin hatte der Hanf zwar auch schon auf die ihm eigene, sehr spezielle und unverwechselbare Art geduftet, doch nur sehr zart und unauffällig. Doch sobald die Pflanzen im September zu blühen begannen, parfümierte ein kräftiger, fast penetranter Cannabisduft die weitere Umgebung.

Private oder kommerzielle Cannabisplantagen fliegen meist wegen dieses intensiven, weithin von misstrauischen Nachbarn und Passanten wahrnehmbaren Odeurs auf. Weil der Geruch unweigerlich durch alle Ritzen dringt und die kräftige Duftfahne das verbotene Geschehen genau lokalisieren lässt, ist es keine gute Idee, Pflanzen in einer Wohnung ohne technische Vorkehrungen wie einen Luftfilter oder ganz ungeniert auf einem Balkon zu ziehen.

Noch dazu ist die Entwicklung der Cannabisblüte bis zu ihrer Reife eine langwierige Angelegenheit, sie kann bis zu zwei Monate dauern. Sie setzt ein, wenn die Tage kürzer und die Schatten länger werden, die Pflanze ahnt den Winter nahen. In dieser Phase letzter und ausgeprägter Wachstumsschübe bildet sie so kleine wie kräftige Blattrosetten, sogenannte Kelchblätter oder Rosalen zum Schutz der Blüten aus, in denen schon bald jene weißen, jeden ›Grower‹ entzückende Härchen wachsen. Dies sind die das Cannabisharz absondernden Trichome. Mit der klebrigen Substanz schützt die Pflanze ihre Blüte vor Fressfeinden, Pilzkrankheiten, vor Hitze und UV-Strahlen. Sie ist in dieser Zeit der Härchenbildung besonders durstig und hungrig und verlangt ständig nach Dünger. Die winzigen Harztröpfchen aus den Drüsen im Blütenbereich sind zunächst glasklar und trüben sich erst später milchig ein, wie auch die Trichome selbst sich bis zum Zeitpunkt der Ernte schließlich bernsteinfarben verfärben.

Die im Freien stehenden Pflanzen sind in dieser heiklen und mehrere Wochen andauernden Phase herbstlichen Winden, Regen und Nebel ausgesetzt. Das beeinträchtigt die Harzentwicklung zwar nicht, weil das Cannabisharz nicht wasserlöslich ist, doch wenn die Sonnenstunden knapp, die Temperatur niedrig, die Witterung feucht ist und die Pflanzen zwischendurch nicht ausreichend trocknen können, neigen die mittlerweile dichten Blütenbüschel zur Schimmelbildung. In diesem Fall ist es mit der Vorfreude auf die Ernte vorbei.

Die Eingebung, die mittlerweile fast zwei Meter hohen Pflanzen quer über das Gelände ins Glashaus zu schleppen, um ihnen in den letzten Wochen bis zur Reife einen geschützten Standort zu gönnen, erwies sich als mein Novizinnenfehler Nummer zwei. Im Glashaus fällt zwar kein Regen, doch die feuchte Luft steht, und wo sich kein Lüftchen regt, hat der Schimmelpilz leichtes Spiel.

Also kamen die Pflanzen schon nach ein paar Tagen wieder ins Freie, allerdings unter einen schützenden Vorsprung. Ich fühlte mich in dieser Phase an eine Katzenmutter erinnert, die ihre Jungen am Nacken packt und immerzu in neue, saubere Nestchen trägt.

Meine Art des ›Growens‹ musste zweifellos optimiert werden, doch irgendwie muss man schließlich anfangen. Die überwältigende Mehrheit der privaten ›Grower‹ setzt die Pflanzen den Unbilden der freien Natur natürlich nicht aus. Die meisten Cannabispflanzen gedeihen, wie der Profi sagt, »indoor«, in besagten Growboxen, in denen ihnen ständig Luft zugefächelt wird und die Belichtungsdauer vollautomatisch optimiert ist.

Irgendwann Anfang Oktober, und damit wesentlich später als erwartet, erreichten die Blüten jenen schweren, üppigen Zustand, der den ersehnten Erntezeitpunkt markiert. Profis greifen in den letzten Wochen des Wachstums regelmäßig zu Juwelierlupe oder zum Mikroskop und studieren eingehend die sich eintrübenden Tröpfchen, um den idealen Moment für

Angesichts dieser Majestät wird man verstehen, dass es auf dem Balkon schnell eng wird, wenn der Hanf im Kasten wuchert.

die Ernte auf keinen Fall zu verpassen. Sobald die Mehrzahl der Trichome die Bernsteinfarbe angenommen hat, ist der THC-Gehalt an seinem Maximum. Ab jetzt würde er wieder schrumpfen. Also, an die Scheren und auf zur Ernte!

Wie bereits erwähnt bilden nicht alle Hanfpflanzen psychoaktive Stoffe wie THC aus. Die Systematik der Gattung Hanf ist überhaupt verwirrend, und es herrscht bis heute Uneinigkeit unter den Biologen, wie sie genau zu fassen ist. Die verschiedenen Hanfarten und Sorten kreuzen sich freudig miteinander, sie hybridisieren und bilden zudem sogenannte Sippschaften, sodass nicht mehr zwischen dem wilden und dem kultivierten Hanf unterschieden werden kann. Aus den Erkenntnissen genetischer Untersuchungen lässt sich jedoch ableiten, dass sich im Laufe der Evolution zwei maßgebliche Arten entwickelt haben: die des THC-reichen Indischen Hanfs, *Cannabis indica,* sowie die des an psychoaktiven Inhaltsstoffen meist ärmeren, gewöhnlichen Hanfs, *Cannabis sativa*, der auch der Faserhanf angehört.

Die ursprüngliche Heimat der Pflanze – immerhin darüber herrscht Einigkeit – dürften die Steppen und Berge Zentralasiens gewesen sein. Als vor etwa 40 bis 50 Millionen Jahren der indische Subkontinent an Asien heranrückte und schließlich mit der eurasischen Platte kollidierte, türmte sich das Himalaya-Gebirgssystem auf. Dieser Zeitpunkt, so lautet eine These der Hanfgenealogen, könnte auch den Beginn der unterschiedlichen Entwicklung beider Cannabisarten markieren. Nördlich der gewaltigen Gebirgsketten von Hindukusch, Pamir und Himalaya gedieh der Hanf in Niederungen, Tälern und auf

Hochplateaus, breitete sich von dort langsam Richtung Westen aus und entwickelte sich zu *Cannabis sativa*. Diese Art wird mit bis zu vier Metern sehr hoch, ist schlank, verfügt über die kräftigen, geraden, die begehrten Fasern enthaltenden Stängel und hat feine, langgefingerte Blätter.

Im Süden hingegen begannen jene Pflanzen, die sich schließlich irgendwann zum Indischen Hanf, *Cannabis indica*, entwickeln sollten, langsam die Berghöhen zu erklimmen. Es wird angenommen, dass die Jahrtausende währende natürliche Auslese darüber erfolgte, dass in diesen Höhen nur jene Pflanzen unbeschadet überlebten, die genug Tetrahydrocannabinolsäure (THCA) ausbildeten. Diese ausschließlich in Cannabispflanzen enthaltene Säure schützt sie vor Fressfeinden wie auch vor UV-Strahlung. Das pflanzeneigene Pestizid ist Ausgangsstoff für das psychoaktive THC, das allerdings erst durch das Trocknen der Blüten, bei Wärmezufuhr oder beim Lösen in Fetten oder Alkohol entsteht. Je höher die UV-Einstrahlung ist, desto mehr dieser Vorstufe des THC lagert die weibliche Pflanze in ihren kostbaren Fortpflanzungsorganen zum Schutz ihrer Samen ein. In den Blüten, im Szenejargon ›Buds‹ genannt, ist der Gehalt an Tetrahydrocannabinolsäure mit Abstand am höchsten.

Darüber, ob diese Theorie von der Entstehung der beiden verschiedenen Arten korrekt ist, sollen die Experten streiten, optisch unterscheidet sich der Indische Hanf auf jeden Fall recht deutlich von *Cannabis sativa*. Die Pflanzen sind stämmiger, verzweigter und kleiner. Sie wachsen selten über eine Höhe von 150 Zentimetern hinaus, ihre Blätter sind gedrungener und auch insgesamt sind *Indicas* buschiger, kompakter und breit-

Die Hanffrau, geschwängert und schwer behängt mit Nüsschen.

Der Hanfmann spendet zwar den Pollen, nicht aber die Cannabinoide.

wüchsiger als *Sativas* – allesamt Unterschiede, die ›Grower‹ kennen müssen.

Den Hanfarten und all ihren verschiedenen Sorten, Hybriden und Unterarten ist allerdings ein wesentliches Merkmal gemeinsam: Sie sind zweihäusig. Es gibt also Hanfmänner und Hanffrauen. Die männlichen Pflanzen spielen in der Welt der Cannabisgrower keine Rolle, sie sind sogar ganz und gar unerwünscht. Da die Bestäubung über den Wind erfolgt, die weibliche Pflanze aber nur bis zum Zeitpunkt der Befruchtung reichlich THCA produziert, kann eine einzige männliche Pflanze großen Schaden im Cannabisäckerchen anrichten.

Alles dreht sich um das Wohlergehen der weiblichen Pflanze und den Inhalt ihrer Blütenstände. Die Blüte, der ›Bud‹, das Gras ist das Herzstück, das Ziel aller Bemühungen, und erfahrene Hanfbäuerinnen werden ihr Möglichstes tun, um sie groß und gehaltvoll geraten zu lassen.

Die Blätter zu trocknen und zu rauchen war also nicht nur ein lachhafter Hanfnovizenfehler gewesen, sondern auch eine absolute kulinarische Barbarei. Darüber hinaus ist das Inhalieren nur eine von vielen Möglichkeiten, Cannabis zu sich zu nehmen, und sicher nicht die raffinierteste.

Rauchzeichen

Tüten, Blunts und Kekse

Das Hanfsäen als Liebesorakel, wie es in England von Mädchen geübt wird, scheint in Deutschland nicht belegt zu sein.

HANDWÖRTERBUCH DES DEUTSCHEN ABERGLAUBENS, 1931.

N. Suzuki war ein kultivierter Japaner mittleren Alters. Er hatte in den USA studiert, rund um den Globus und vorübergehend auch als hohes Tier bei den Vereinten Nationen in Wien gearbeitet. Während dieser Zeit war er mein Nachbar gewesen. Morgens verließ er das Haus in Anzug und Krawatte und hinterließ im Treppenhaus den feinen Duft exquisiten Rasierwassers. Wenn er abends hungrig wieder heimkehrte, klopfte er oft an meine Tür, denn er kochte vorzugsweise in Gesellschaft und aß nur ungern allein.

Sobald er sein kleines Apartment am Feierabend betrat, legte er die Insignien des hochrangigen UN-Beamten ab und schlüpfte in eine Art bunten Freizeitkimono. In ausgestellten Dreiviertelhosen wendete er behände mit langen Stäbchen Krabbenstücke in brodelndem Fett und fischte mit aus Draht geflochtenen Schöpfkellen Klöße mit unergründlichen Füllungen aus den Kochtöpfen. Er war ein ausgezeichneter Koch und hatte sich vorgenommen, mich mit allen erdenklichen japanischen Wunderlichkeiten bekannt zu machen. Und so aßen wir Dinge wie Quallenkompott, Seetang in allen Variationen, Seeigel, traditionelle Bohnenpasten und eingesalzene Pflaumen.

Nach dem Abendessen knieten wir auf Tatamikissen nieder, wo er mir geduldig jeden Handgriff der japanischen Teezeremonie beibrachte. Suzuki war durch und durch Japaner, doch er war überall und nirgendwo zuhause und folgte dem Vorsatz, sich aus allen Welten das Beste anzueignen. Dazu gehörte auch das Rauchen von Haschisch, von gepresstem reinen Cannabisharz, auch ›Ziegel‹, ›Shit‹, ›Hasch‹ oder ›Piece‹ genannt. Diese Vorliebe, erzählte er, habe er zu Studienzeiten in Kalifornien entwickelt, und sie sei einer der Gründe, warum er nie wieder im restriktiven, cannabisfeindlichen Japan leben werde, wo man wegen des Rauchens eines einzigen Joints für Jahre ins Gefängnis wandere.

Sobald der schaumige Matcha-Tee getrunken worden war, öffnete er die stilvolle und wie alles in seinem Heim gediegene und ausgesucht schöne, antike Holztruhe neben den Tatamis und holte daraus ein ziseliertes Silberkästchen von der Größe einer kleinen Schmuckschatulle hervor. Immer noch kniend kippte er den Deckel weihevoll mit beiden Händen auf und entnahm ihm die Utensilien für den bevorstehenden Akt des Kiffens: ein Stück dunkelgrüner Samt, auf dem er alles bereitlegte, eine etwa 25 Zentimeter lange gerade Pfeife aus Bambus, deren Mundstück und winziger Kopf ebenfalls aus Silber geschmiedet und verziert war, ein winziges Holzbrettchen von seidig poliertem Glanz, ein dazugehöriges Miniaturmesserchen, rasierklingenscharf und wahrscheinlich von einem japanischen Großmeister der Schmiedekunst 300-fach gefältelt, ein Feuerzeug sowie ein in Silberpapier eingewickeltes Stück ›Shit‹.

Nachdem er Werkzeuge und Droge auf der Samtunterlage zurechtgelegt hatte, schnitt er aus dem weichen, dunklen Haschischziegel einen exakten Würfel von zwei, drei Millimetern Seitenlänge. Diesen legte er bedächtig in das mit feinem Metallgitter ausgekleidete Pfeifenköpfchen, hielt die Feuerzeugflamme darüber und sog genüsslich den süßen Rauch ein.

Niemand kiffte stilvoller als Suzuki. Wenn er die Pfeife weiterreichte, tat er das ebenfalls mit einer ausgesuchten, fast zeremoniellen Höflichkeit, als überreiche er mit beiden Händen den Heiligen Gral an eine dieser Kostbarkeit würdige Person. Das Haschisch war stark, seine Quelle verriet er nicht, doch dürfte es sich um lupenreinen ›Shit‹ aus Afghanistan oder Pakistan gehandelt haben. Die weiche Konsistenz und die fast schwarze Färbung sprachen dafür.

Niemals, verkündete er, würde er diesen Nektar der Götter mit etwas so Ordinärem wie Tabak vermengen. Das habe er bereits in Amerika verabscheut und als einen Akt westlicher Kulturlosigkeit schlicht verweigert.

Suzuki hatte zu einer Zeit in Amerika studiert, als das Tabakrauchen noch nicht verpönt war. In den nikotinrestriktiven USA ist der mit Tabak gemischte Joint mittlerweile aus der Mode gekommen, und gesundheitsbewusste Kiffer rauchen ihr Gras oder Marihuana entweder pur oder sie inhalieren tabakfrei durch sogenannte ›Vaporizer‹. Diese kleinen, auch ›Verdampfer‹ genannten Geräte lösen die Inhaltsstoffe wie eine Elektrozigarette mittels Heißluft aus dem zerkleinerten Kraut oder Harz. Das soll die Schadstoffe minimieren und, eine äußerst beliebte Nebenwirkung, den Cannabisgeruch neutralisieren.

Tatsächlich ist die Art und Weise, wie Cannabis konsumiert wird, eine Frage von Kultur, Tradition und nicht zuletzt auch

Gabriel Ferrier gab mit dem Titel des Gemäldes Die Raucher des Kif *(1887) freimütig Auskunft über den Inhalt der Pfeifenköpfe: Fein geriebenes Marihuanapulver.*

des Angebots. War im Europa der 1980er-Jahre noch die überwältigende Mehrheit der geschmuggelten Cannabisprodukte Haschischharz, so wurde im Laufe der folgenden Jahre das Gras, also die Cannabisblüten, immer beliebter und war auch leichter zu bekommen.

Das Rauchen der Pflanze ist zwar heute noch die bekannteste, aber doch nur eine unter vielen anderen Varianten, der Droge zu frönen. Insbesondere in arabischen Ländern wurde Cannabis seit jeher nicht nur in der Wasserpfeife geraucht, sondern

NATURKUNDEN

herausgegeben von Judith Schalansky bei Matthes & Seitz Berlin

Programm 2013–2020

Sumana Roy

Wie ich ein Baum wurde

[*How I became a Tree*]

№ 63

Aus dem Englischen von Grete Osterwald
Mit Illustrationen von Pauline Altmann

268 Seiten, Oktav-Format (14,5 × 22,5 cm), flexibler Einband, fadengeheftet, mit farbigem Kopfschnitt und Lesebändchen
€ 28,– (D) / € 28,80 (A)

ISBN 978-3-95757-858-7
Erscheint am 28. Februar 2020

Naturbetrachtung ist kein europäisches Genre, die bengalische Schriftstellerin Sumana Roy öffnet uns die Augen für eine andere Ansicht der Natur.

SUMANA ROY WILL im eigenen Rhythmus leben, in der Gegenwart, der Baumzeit. Denn in den Wäldern und Hainen findet sie Ruhe statt Lärm, Einfachheit statt Überfluss, Selbstlosigkeit statt Eigennutz. Sie kündigt ihre Stellung als College-Professorin, um sich ganz ihrer Baumbessenheit hinzugeben, und findet Entsprechungen ihrer Sehnsucht in bengalischen Märchen, indischen und griechischen Mythen und Ritualen, in denen Menschen mit Bäumen verheiratet werden. Ihre Spurensuche gerät zu einer weitverzweigten Meditation über das Wesen der Menschen und Bäume.

gerne auch in Form raffinierten Konfekts zum Minztee gegessen. ›Mahjoun‹, zubereitet nach einem angeblich tausend Jahre alten Rezept der marokkanischen Berber, ist die berühmteste dieser Naschereien. Eine Variante dieser kräftig gewürzten Kügelchen ist ›Dawamesk‹, das auch als Paste oder ›grüne Konfitüre‹ angeboten wird und das nicht zuletzt durch Théophile Gautiers Essay *Le Club des Hachichins* zumindest literarische Berühmtheit erlangte. Neben Haschisch, Pistazien, Mandeln, Datteln, Feigen und Butter beinhaltet das Konfekt eine erstaunlich köstliche Mischung verschiedenster Gewürze aus reichlich schwarzem Pfeffer, Zimt, Lavendelblüten, Rosenwasser, Kardamom, Ingwer und Kurkuma. In Rezepturen für die ›Orientalischen Fröhlichkeitspillen‹ werden auch gehaltvollere Mischungen überliefert, denen etwa Opium, große Mengen von Muskatnuss, die Samen des Stechapfels und andere, großteils hochgiftige psychoaktive Substanzen beigemengt werden.

Von derlei gefährlichen Mixturen ist freilich dringend abzuraten, zudem es mannigfaltige Alternativen gibt. Zeitgenössische Cannabisgourmets tauschen Rezepte für Blaubeer-Spacemuffins, Marihuana-Mojitos und Caramel-Weed-Popcorn untereinander aus und veredeln überbackenen Ziegenkäse mit würzigem Cannabishonig. Wer's nicht glaubt, wirft am besten einen Blick in die einschlägigen Kochbücher, die derzeit unentwegt auf den Markt kommen.

In Afrika und Asien wird Cannabis seit jeher auch Tees oder Kaffee beigemengt. Cannabiselixiere und alkoholische Auszüge gibt es in jeder Cannabiskultur, von Indien bis Kambodscha. Sie waren auch in amerikanischen und europäischen Apotheken und Medizinschränken des 19. und frühen 20. Jahrhunderts äußerst populär, bevor sie verboten wurden. Der uralte indische Brauch, Cannabis in ›Shillum‹ genannten konischen Röhren aus Stein, Holz oder Ton zu rauchen, was in der Blumenkinderära während der 1960er-Jahre noch beliebt war, ist weitgehend aus der Mode gekommen. Die nach wie vor verbreitetste Darreichungsform von Cannabis ist der Joint, die konische, nur von fingerfertigen Experten glatt und makellos gerollte Riesenzigarette aus Papier, einem Filter und der Tabak-Cannabis-Mischung.

Angeblich wurde er von der mexikanischen Arbeiterschicht Anfang des 19. Jahrhunderts erfunden und treibt seither handwerklich weniger Talentierte in den Wahnsinn. Wer den Dreh nicht raushat, kann an der Anfertigung eines wohlproportionierten und straff gedrehten Joints verzweifeln, weil zu viele, mitunter unangenehm bröselnde Zutaten zwischen den Fingern jongliert werden müssen. Talentierte hingegen beherrschen die Kunst, schmale, dünne Pappstreifen erst kräftig über die Tischkante zu ziehen, sie zu einem Filter zu rollen und danach alle Zutaten in großformatigem Zigarettenpapier oder notfalls drei kleinen, strategisch richtig zusammengeklebten ›Papers‹ auf bewundernswerte Weise zum klassischen Hippie-Stanitzel zu drehen. Mittlerweile haben in den USA sogenannte ›Creative-Joint-Rolling-Tournaments‹ regen Zulauf, in denen die Meister ihr Können unter Beweis stellen, indem sie Joints in den irrsten Formen drehen, vom Weißen Hai bis bis zu Kermit dem Frosch.

Einen Joint reicht man rasch weiter, so die Kiffer-Etikette. Diese jungen Männer aus Swaziland wechselten um 1900 ein Horn statt Tüte.

Anfang der 1980er-Jahre kam in New Yorker Ghettos mit dem sogenannten ›Blunt‹ eine noch komplizierter herzustellende Form des Cannabiskonsums auf. Rapmusiker wie Snoop Dogg oder Redman besangen die vorsichtig geöffneten, mit Gras gefüllten und wieder in ihre ursprüngliche Form gerollten Zigarren der Marke ›Phillies Blunt‹ und machten die Haschischzigarre bald im ganzen Land populär. »Heutzutage weiß jeder, vom Präsidenten der Vereinigten Staaten bis zum hageren Bibliothekar deiner Grundschule, was mit Blunt gemeint ist«, schreibt ein ›Filmemacher‹ aus Harlem unter dem Pseudonym R. Prince in der 2006 erschienenen Blunt-Bibel *How to roll a*

Blunt for Dummies. Das Blunt-Rauchen habe in seiner Entstehungszeit gewissermaßen nur den Schwarzen gehört, fährt er fort, doch schon bald in Windeseile alle sozialen und ökonomischen Hürden genommen. Haschischzigarren kann man im Gegensatz zu Joints unbefangen überall dort rauchen, wo noch geraucht werden darf, weil der strenge Zigarrengeruch der Hüllblätter den des Haschs überlagert.

> *Du würdest staunen, wer alles Blunts raucht. Es sind nicht mehr die Gruppen junger schwarzer Männer, die die Straße entlanggehen, oder der weiße Jugendliche mit Baggypants und verkehrt herum aufgesetzter Baseballkappe. Es sind Rechtsanwälte, Ärzte, Wirtschaftsprüfer, eigentlich praktisch alle, die sich dieser Tage Blunts reinziehen.*

Ernte
Bäumchen fällen

Es ist nicht gleichgültig, während welcher Jahreszeit man ihn pflückt; in seiner Blüteperiode ist er am kräftigsten.[11]

CHARLES BAUDELAIRE

Nach den lehrreichen Anfängerfehlern in den ersten Jahren stellten die Aufzucht und Hege der Cannabispflanzen für mich kein Problem mehr dar. Doch es lauerten noch etliche andere unvorhersehbare Gefahren. Bis zum Herbst waren, wie in all den Jahren zuvor, die in der freien Natur großgezogenen Cannabisdamen zu mächtigen Geschöpfen herangewachsen. Die fünf Bäumchen standen wie eine Wäldcheninsel mitten im Garten. In diesem heißen, trockenen Sommer waren sie so gut wie keine anderen vor ihnen gediehen: makellos, riesengroß, nicht ein einziges dürres Blatt. Die Zweige waren bereits schwer von unreifen Blüten. Die Wurzelballen der Grazien steckten in den größten Erdgefäßen, die Mitte des Sommers aufzutreiben gewesen waren. Jede von ihnen trank täglich an die sechs Liter mit Mineralien und Düngestoffen angereichertes Gießwasser.

Die späten Monate des Jahres waren warm, der Garten eine bunte Pracht. Die Cannabisblüten entwickelten sich zwar bereits seit einiger Zeit, doch würde es zumindest noch drei, wahrscheinlich eher vier weitere Wochen möglichst trockener, sonniger Witterung bedürfen, bis sie den Zustand klebriger, duftiger Reife erreichten und eingebracht werden könnten.

Um 1900 war die Welt der Hanfbauern in Kentucky, dem größten Hanfproduzenten der USA, noch heil. Ab 1937 wanderte man für den Anbau der Nutzpflanze in den Knast.

Die Ernte ausgewachsener Cannabispflanzen ist zwar stets ein erfreulicher, ja aufregender Moment im Jahr des Hanfgärtners, hat allerdings auch etwas von einer Schlachtung. Eine stattliche Pflanzenpersönlichkeit knapp über der Erde mit der Astschere abzuzwicken, letztlich umzubringen und wie ein Weihnachtsbäumchen stürzen zu sehen, weckt stets ein Gefühl tiefen Bedauerns. Immerhin hat man das Geschöpf über ein halbes Jahr fast täglich gepflegt und betreut und unmittelbar an seiner rasanten Entwicklung teilgenommen. Man hat neue Äste begrüßt, die Blüte beschnüffelt – und nun ermordet man die Kreatur kurzerhand. Der Abschiedsschmerz ist begleitet von einem Anflug von Sentimentalität, doch in den Palästen herrschen mitunter größere Probleme: Als Unbekannte in räuberischer Absicht eines Nachts die Schlachtung vollziehen und im Dämmerlicht des nächsten Morgens nur noch Kahlschlag dort zu sehen ist, wo abends noch mein Cannabiswäldchen stand, war ich fassungslos und voll ohnmächtiger Wut.

Offenbar waren Profis am Werk gewesen. Der Gartenzaun war mit der Drahtschere an strategisch äußerst günstiger Stelle aufgeschnitten worden, die Schnittstellen präzise gesetzt und vollkommen glatt. Der perfekte Ernteschnitt knapp über dem Boden war gekonnt und mit einer professionellen Astschere erfolgt, das Fluchtauto hatte offenbar schon bereitgestanden – sicher ein Pick-up oder SUV, in einem PKW hätten die fünf ausgewachsenen Pflanzen niemals ausreichend Platz gefunden. Die Fährte abgerissener Hanfblätter wies den Weg durch das Unterholz bis zu den Reifenspuren in der Wiese.

Irgendjemand musste irgendwann meine umhegten Pflanzen entdeckt und schon lange, möglicherweise sogar monatelang, so heimtückisch wie vorfreudig abgewartet haben, mich derweil die Arbeit tun lassen, die Sache schließlich für reif befunden und die Operation in einer frühen Herbstnacht durchgeführt haben. Für gewöhnlich pflegt man im Falle eines Diebstahls die Polizei zu rufen, doch den Verlust von fünf blühenden Cannabispflanzen bei der Staatsgewalt anzuzeigen, ist zwangsläufig keine Option. Auch Beweismittel wie hinterlassene Kippen und ein achtlos weggeworfenes Zigarettenpäckchen werden obsolet.

Ich fand mich plötzlich in demselben gesetzesfreien Raum wieder wie die Diebe, und das wurde mir in diesem Moment zum ersten Mal wirklich klar. Die Unbekannten und ich schipperten gemeinsam in den trüben Gewässern jenseits der Legalität, in denen plötzlich ein unangenehmer Wind aufgekommen war.

Wer waren die? War es ein Einzeltäter oder waren es mehrere gewesen? Frauen? Männer? Gar Leute, die ich kannte? Kamen die Männer der Exknacki- und Langzeitarbeitsloseninitiative in Betracht, die ausgerechnet an jenem Sommertag dem Auftrag nachgekommen waren, das Gras auf der Nachbarwiese zu mähen, an dem mein alter Lateinprofessor und seine Frau bei mir zu einer Gartenführung angemeldet waren? Ich hatte die damals bereits gut einen Meter hohen, eingetopften Pflanzen in das Wäldchen an der Grundstücksgrenze geschleppt, weil ich wenig Lust verspürt hatte, das betagte Lateinerpaar unnötig zu schockieren, und jene damit für ein paar Stunden den Blicken der Nachbarn preisgegeben.

Wer auch immer es gewesen war – die Diebe waren äußerst professionell vorgegangen, aber sie waren auch Deppen gewesen. Cannabisanfänger. Banausen. Raubmörder. Hatten sie doch die Pflanzen viel zu früh geholt, sie in der zarten Blüte ihrer Jugend hinweggerafft. Die ›Buds‹ waren noch unreif gewesen und ohne THCA-Gehalt. Diese Beute würde den Gaunern keine Freude machen. Hätten sie sich noch ein paar Wochen geduldet, hätte der nächtliche Ausflug sogar ein kleiner Coup werden können. Ein Gramm Gras kostet auf dem Schwarzmarkt zwischen zehn und zwölf Euro, und dieses hier hätte sicher den Höchstpreis erzielt.

Die schlanke, zierliche Variante Cannabis sativa *ist deutlich zickiger und schwieriger großzuziehen als die robuste* Cannabis indica.

Doch die Cannabisdiebe waren zu ungeduldig gewesen, hatten sich verkalkuliert, unter anderem auch, weil diese Pflanzen von besonderer Art waren: Sie waren Exemplare jener Hybridsorte der sehr langsam reifenden *Cannabis sativa*, die laut der unter der unüberblickbaren Masse für einschlägig befundenen Internetseiten speziell zur Migräneprophylaxe und auch als Medizin bei akuten Kopfschmerzattacken taugte. Zu diesem Zweck waren sie schließlich angebaut worden.

Cannabis-sativa-Sorten sind auf der Straße für gewöhnlich nicht aufzutreiben. Zum einen wird ›vercheckteś‹ Gras so gut wie immer namenlos gehandelt, weil sich anders als in den USA und Holland hierzulande noch niemand um die Benennung der Sorten kümmert.

Und zum anderen wird, wer sein Gras oder Marihuana mit der unlauteren Absicht, es später zu verkaufen, großzieht, vorzugsweise *Indicas* anbauen: Sie liefern rascher und wesentlich größere Erträge und sichern damit mehr ›Return on Investment‹.

Dies würde also ein Herbst ohne Ernte werden, ohne die Zusammenkunft der üblichen Verdächtigen zum Erntedankfest, ein Herbst ohne das gemeinsame, stundenlange, meditative Herumschnipseln an den Cannabisblüten. Kein Auflegen und Trocknen, kein Fermentieren und auch kein Probieren der neuen Sorten. Und auch keine Medizin gegen Migräne, was bei Weitem das Schlimmste an der Sache war. Im Herbst kann kein Mensch Cannabis anbauen – es sei denn, man besorgt sich eine Growbox für innen und überlässt der halbautomatisierten Technik die Arbeit.

Da halb Europa Gras anbaut, stellte die Beschaffung einer zwar nicht mehr ganz modernen, doch tadellos funktionierenden Box glücklicherweise kein Problem dar. Die Leihgabe war schnell in einer Abstellkammer aufgebaut. Sie sah aus wie ein kubisches, innen mit silbriger Reflektorfolie ausgekleidetes schwarzes Zelt.

Dazu gehörte eine kräftige, oben ins Gestänge eingehängte Pflanzenlampe, ein Ventilator, der Frischluft in den geschlossenen Zeltraum fächelte, sowie der dazugehörige Aktivkohlefilter vor dem Abluftrohr zur Bändigung der Geruchsentwicklung.

Vier Pflanzen fanden darin Platz, die unter den künstlichen Bedingungen noch schneller wuchsen als ihre gestohlenen Vorgänger im Freien. Eine Zeituhr regelte ihren Tag-Nacht-Rhythmus, die gezahnten Blättchen raschelten etwa sechs Wochen lang im künstlichen Wind. Als sie die zwei Meter hohe Box fast ganz auszufüllen begannen, war es an der Zeit, sie ›in Blüte zu schicken‹, wie die Profis sagen. Sobald die Belichtungsphase per Einstellung verkürzt und die Dunkelphase entsprechend verlängert wird, fangen die ausgetricksten Pflanzen in der Annahme, es werde Herbst, zu blühen an. Im Vergleich zu den vom Sonnenlicht gestärkten, von Wind und Regen gebeutelten und abgehärteten, mit Kompost und anderen biologischen Zutaten gefütterten Gräsern im Freien, die sich gegen Fressfeinde wappnen und nach dem Licht richten müssen, erschienen mir die künstlich aufgezogenen Pflanzen charakterlos und langweilig. Die ›Buds‹ gerieten zwar stark und aromatisch, doch waren allein der Stromverbrauch, die künstliche Sonne und der maschinenerzeugte Wind wenig inspirierend, und der Versuch blieb, was er von Beginn an gewesen war: ein einmaliges

Wie der legendäre indische Seiltrick tatsächlich funktioniert, ist bis heute rätselhaft. Karachi und Sohn bändigten das Hanfseil 1935 jedenfalls gekonnt.

Experiment und eine Notlösung. Die ›Buds‹ zu ernten hingegen war erfreulich wie immer.

Dazu braucht man einen großen Tisch, scharfe, spitze Gartenscheren, wobei sich spottbillige Rebscheren als ebenso tauglich erwiesen haben wie teure Spezialscheren aus dem ›Growshop‹, und, ganz wichtig, eine Handvoll helfender Freunde. Nach der Schlachtung der Bäumchen und dem Kappen der Nebenäste setzt man sich rund um den Tisch. Hier erfolgt die Feinarbeit: Die großen Blätter unter den Blüten werden direkt am Stamm mit der Scherenspitze abgeschnitten, die kleinen Blättchen in den Blütenständen gekürzt, ›Buds‹ und die harzigen Abschnitte werden aufbewahrt, der Rest landet auf dem Kompost. Nach ein paar Stunden meditativen Plauderns und Fassonnierens sitzt die Truppe in einem Saustall von Blätterhaufen, und es steigt im Cannabisschnipsler je nach Charakter das Gefühl auf, entweder zum Meisterfriseur oder zum Schafscherer geboren zu sein. Zwischendurch wird von den klebrigen Klingen der Scheren immer wieder mit einem Messerchen das daran haftende Harz abgestreift und zu kleinen Kügelchen geknetet. Die Gierschlunde in der Runde fordern spätestens jetzt den ersten Testdurchgang ein. Das sogenannte ›Sizzer-Hash‹ ist reines Marihuana, also vorsichtig bitte, schließlich soll hier nicht nur gekichert, sondern gearbeitet werden.

Die getrimmten ›Buds‹ werden zum Trocknen lose in Pappkartons aufgestreut. Nach etwa zehn Tagen wandern sie in Schraubgläser, wo sie, innen noch leicht feucht, einen Fermentationsprozess durchlaufen. Tägliches Lüften ist obligat, nach weiteren zwei, drei Wochen ist das Gras gut durchgereift, hat die chlorophyllbedingte Schärfe seiner früheren Tage abgebaut und kann verwendet werden.

Zuvor hat man sich bereits der vielen sorgfältig gesammelten Abschnitte angenommen, der kleinen, nicht lohnenswerten Blüten und der von Harztröpfchen überzogenen Blattreste, der ›Buds‹. Damit lässt sich allerlei anstellen, wenn man weiß, was. Oder wenn man jemanden kennt, der es weiß. Einen wie Manfred, den Nerd.

Gras kochen

Breaking Bad

Ich habe gehört, dass man kürzlich auf dem Destillationswege aus dem Haschisch ein lösbares Öl gezogen hat, das viel stärkere Wirkungen hervorbringen soll als alle bisher bekannten Präparate.[12]

CHARLES BAUDELAIRE

Manfred ist Computertechniker, um die 30, lang und dünn. Im Dienst trägt er strahlend weiße, saubere Laborkittel, in deren Brusttasche neben dem Kugelschreiber spezielle Schraubenzieher stecken, die so fein sind, dass sie selbst Reparateure antiker Damentaschenuhren noch beeindrucken könnten. Alles an Manfred ist fein und akkurat, er ist einer der genauesten und sorgfältigsten Menschen, die ich kenne, und er betreibt die Cannabisveredelung mit der Akribie eines Wissenschaftlers. Er versorgt eine kleine Schar Schlafloser, Migräniker und andere alternativmedizinisch Bedürftige mit Cannabisextrakten aus eigener Fabrikation und kann chemische Formeln herunterleiern wie andere Menschen Schlagersongs.

Heute hat er seinen Laborkittel gegen einen dicken Anorak eingetauscht. Er entsteigt seinem Auto mit einer voluminösen Pappschachtel, in der sich allerlei Laborutensilien befinden. Es ist Mitte Januar, früh am Morgen, und es herrschen minus vier Grad. Idealtemperatur für unser Vorhaben. Heute wird kein Computer repariert, sondern eine Droge gekocht. ›Shatter‹, um genau zu sein, Cannabisharzscherben.

›Shatter‹ ist eines der derzeit vor allem in den USA hoch im Kurs stehenden Cannabiskonzentrate. Es sieht aus wie honiggelbes, in Schlieren und Tropfen geschmolzenes Glas oder klares Karamell. Gekonnt hergestellt kann die spröde Substanz bis zu 80 Prozent THC enthalten. Das Zeug ist also starker Tobak, nichts für Einsteiger, und ein im Grunde etwas unheimlicher Stoff. Warum wir dennoch den Versuch wagen, es herzustellen, ist die Frucht reiner Neugierde am Produktionsprozess.

Mit wachsender Zahl der heimlichen Hanfbauern verbreitet sich auch das Wissen um die verschiedenen Verarbeitungsmöglichkeiten von Gras, und es ist erstaunlich, was Cannabisveteranen von den internetinformierten Jungbauern alles lernen können. Für die Herstellung des ›Shatter‹ und anderer Konzentrate wie ›Bubble-Hash‹ haben großzügige Hobbyforscher mittlerweile unüberschaubar zahlreiche Anleitungen möglicher Cannabisverarbeitung ins Netz gestellt.

»Ihr werft die Abschnitte doch nicht etwa weg?«, erkundigte sich an einem dieser Erntetage so entsetzt wie ungläubig ein Medizinstudent. »Doch«, entgegneten wir, »eigentlich schon.« Ob wir denn nicht wüssten, dass man daraus reines Marihuana herstellen könne? Nein, wussten wir nicht, waren aber lernbegierig, schalteten sogleich den Computer an und versuchten uns zuerst des lustigen Namens wegen am ›Bubble-Hash‹.

Dessen Herstellung stellte sich als denkbar einfach heraus: Die Abschnitte werden zunächst in einem großen Eimer mit Wasser und sehr viel Eis gesammelt. Mit dem Rühraufsatz für Mörtel an einer Bohrmaschine muss der Blatt-Eis-Brei sechs, sieben Minuten lang unter lautem Getöse und im ständigen Bemühen,

Giovanni Francesco Barbieri, genannt »Il Guernico«, zollt 1615 den Hanfwäschern in den kühlen Fluten der sogenannten Hanfröste aus trockener Perspektive seinen Respekt.

die Umgebung möglichst wenig zu bespritzen, durchgerührt und anschließend abgeseiht werden. Das kältegeschockte, nicht wasserlösliche Harz hat sich bis dahin in mikroskopisch kleinen Stücken von Blüten und Blättern gelöst und kann, wenn man die Sache professionell angehen will, mithilfe spezieller ›Bubble-Bags‹ abgeseiht und schließlich abgekratzt und getrocknet werden. Diese speziell für das Cannabisseihen entworfenen bunten Gewebesäcke mit superfeinen eingenähten Bodensieben sind derzeit bei den Jungbauern angesagt. Man bekommt sie in jedem ›Growshop‹ oder bestellt sie per Mausklick bei namhaften Internet-Versandunternehmen. Andere verwenden für diesen Prozess das wesentlich kältere Trockeneis, ersparen sich damit die Wasserprozedur und schütteln feinsten gefrorenen Harzstaub durch die Bubble-Bag-Siebe.

Altmodische Menschen wie ich, die nicht in Cannabiszubehör investieren wollen, behelfen sich mit der hergebrachten Variante und füllen die harzhaltige moosgrüne Flüssigkeit einfach in große Glasgefäße, warten zwei, drei Stunden, bis sich das Marihuana am Boden abgesetzt hat, und saugen die nunmehr gehaltlose grüne Brühe mit einem dünnen Schlauch nach dem Prinzip der kommunizierenden Gefäße ab. Das funktioniert genauso gut, und das Resultat des Experiments begeisterte die ›Sizzer-Hash-Fraktion‹ enorm. Selbstproduzierter Shit. Reines Haschisch. Wow. Etwas, mit dem ich meinen alten Nachbarn N. Suzuki hätte beeindrucken können. Ich selbst habe noch nie von dem Zeug gekostet. Es ist mir zu stark, daher geht alles an die Connaisseure der Erntehelferrunde.

Die Anregung für eine weitere Novität im Menü gab eine Philosophieprofessorin, die von ihrem langen Aufenthalt im cannabisliberalen Boulder aus Colorado wieder heimgekehrt war und die Produktion der dort bekannten ›Cannabutter‹ empfahl. Die mit Harz angereicherte Butter lässt sich zum Beispiel in den berühmten ›Hasch-Brownies‹ verarbeiten, aber auch in den schon erwähnten klassischen Haschkonfekten ›Mahjoun‹ und ›Dawamesk‹. Bisher hatte das jedoch nie wirklich gut funktioniert. Die angereicherten Brownies waren zwar ›schokoladig-gut‹ gewesen, wie Brownies eben sind, doch irgendwelche psychoaktiven Effekte hatten sich partout nicht einstellen wollen. Dank des aus Boulder importierten Know-hows wurde bald klar, dass die

Herstellungsweise der Butter schuld daran gewesen war, da die Abschnitte und Blütenreste erst eine gewisse Zeit bei etwa 125 Grad Celsius im Backofen verbringen müssen, bevor sie in die geklärte Butter geworfen werden, weil das psychoaktive THC erst durch das Erhitzen des rohen Harzes entsteht.

›Bubble-Hash‹, Butter und Haschgebäck stellen meist jüngere Cannabis-Grower her, die Rezepturen gehören zum Allgemeinwissen dieser Generation. ›Shatter‹ zu produzieren ist allerdings gewagter, eine echte Herausforderung. In Europa ist das ›Cannabis-Glas‹ noch weitgehend unbekannt, während in US-amerikanischen Hinterhöfen und Kellern die Produktion derzeit boomt. Dabei fliegt auch häufig etwas in die Luft, die Herstellung ist mit etlichen Gefahren verbunden. Auch aus diesem Grund ist es ratsam, jemanden wie den vorsichtigen Manfred zur Seite zu haben, sobald man sich der explosiven Angelegenheit stellen will. Die gefährliche, für den Shatter-Herstellungsprozess unverzichtbare Komponente ist das das reine Harz aus Blättern und Blüten der Pflanze extrahierende Butangas. In Druckflaschen verflüssigt, wird sein Raumvolumen auf etwa ein Zweihundertsechzigstel zusammengepresst, doch wehe, wenn es entweicht und in gasförmigem Zustand geruchlos und unbemerkt die Räume füllt. Sprüht dann irgendwo ein Funke oder zündet ein Hirnloser gedankenlos seine Zigarette an, explodiert es mit einem unerhört lauten Knall. In unangenehmer Regelmäßigkeit flogen in den vergangenen Jahren in den USA Shatter-Labore in die Luft, weil niemand daran gedacht hatte, die Fenster zu öffnen und den Raum zu lüften – und auch in Europa sind bereits erste Detonationen dokumentiert.

Aus diesem Grund bauen wir unser ›Labor‹ sicherheitshalber im Freien in der kalten Januarluft auf. Einen Gartentisch, eine Glasschüssel, ein etwa vierzig Zentimeter langes Glasrohr von rund fünf Zentimetern Durchmesser und mit einem am Ende fest montierten feinen gläsernen Sieb, eine professionelle Labor-Kochplatte mit magnetischem Rührwerk, eine Schachtel Butan-Dosen reinster Qualität, Kälteschutzhandschuhe für Arbeiten bis -160 Grad Celsius und Schutzbrillen hat Martin mitgebracht. Zuletzt zieht er auch eine Gasmaske aus dem Karton. »Ist jetzt nicht dein Ernst, oder?«, frage ich. »Sicher ist sicher«, meint er, und steht wenig später in voller Montur da wie eine Figur aus der TV-Serie *Breaking Bad.*

Tatsächlich wird ›Shatter‹ anfangs nicht gekocht, sondern gefroren. Das unter Druck noch flüssige, farblose Butangas wird zügig oben in die mit Cannabisblüten und Abschnitten gefüllte Glasröhre eingeblasen und verlässt es unten wieder, immer noch flüssig und eiskalt, durch das feine Sieb. Die nun mit Cannabinoiden angereicherte, grünlichgoldene Flüssigkeit hat einen Siedepunkt von minus 0,5 Grad Celsius und brodelt sogar in dieser Kälte in der Glasschüssel noch ein Weilchen vor sich hin. Nun wird die Schüssel in ein 50 Grad Celsius warmes Wasserbad gelegt. Sobald sich die mittlerweile cremige Masse auf etwa 20 Grad Celsius erwärmt hat und das meiste Butan entwichen ist, kann sie in einem feuerfesten Glasgefäß nochmals auf 50 Grad Celsius erhitzt werden, um auf diese Weise das Butan gründlich auszutreiben.

Abschließend erfolgt die Reinigung durch das Verdampfen von Alkohol bei niedriger Temperatur. Die ganze Prozedur ist ziemlich aufwendig und das Resultat ein enttäuschend kleines, etwa Ein-Euro-Münzen großes Plättchen ›Shatter‹. Manfred zweigt ein wenig davon ab, bevor es ganz aushärtet. Er raucht Cannabis lieber in E-Zigaretten und stellt sich seinen ›Liquid‹ dafür selbst her. Er träufelt ein wenig von der mit Cannabinoiden angereicherten Masse in ein Fläschchen mit speziellem E-Zigaretten-Liquid in Bio-Qualität, den er dann mit einer Spritze in die Zigarettentanks füllt. Damit, sagt er, der Nerd und Sparmeister, komme er ewig und drei Tage aus.

Tatsächlich wird Haschischöl seit Langem auch in Europa von Insidern hergestellt, und ›Shatter‹ ist letztlich lediglich die Weiterentwicklung und Verfeinerung eines altbekannten Prozesses. Doch die Cannabis-Legalisierungswelle in den USA spornt die Freaks der Szene dazu an, immer verrücktere Dinge mit der Pflanze anzustellen, um die Cannabinoidkonzentration bis zum Letzten auszureizen.

Dass dieser fragwürdige, derzeit auf Europa überschwappende Trend Shatter-Kocher-Wohnungen und -Gartenhütten in die Luft fliegen lässt, muss allerdings nicht sein. Es geht auch viel entspannter.

Charles Baudelaire, prominentes und besonders eifriges Mitglied des Pariser Club de Hachichins, wagt unter dem Einfluss von Haschisch ein Selbstportrait.

High
Leicht und lächelnd

Man geht die gleichen Wege des Denkens wie vorher. Nur sie scheinen mit Rosen bestreut.[13]

WALTER BENJAMIN

Als die polnische Haushaltshilfe Maryja, die noch nie Alkohol getrunken, ihr Lebtag keine Zigarette geraucht und selten einen Gottesdienst verpasst hatte, plötzlich wie von einem Wahn umfächelt lächelnd im Wohnzimmer steht und meint, sie fühle sich ganz eigenartig, so schwindelig, vor allem aber wisse sie im Moment gar nicht, wie sie vom Obergeschoss hierher gekommen sei, befällt Jürgen K. ein erster Verdacht. »Maryja«, fragt er zögernd, »was hast du oben gemacht?« Sie habe, entgegnet sie nicht ohne Schuldbewusstsein, nach dem Staubsaugen großen Hunger bekommen und ein paar der Kekse aus der Keksdose gegessen, die sie beim Abstauben auf dem Schränkchen entdeckt habe. Er möge ihr das bitte nachsehen, sie erleide regelmäßig Hungerattacken, und wenn sie dann nichts äße, spiele ihr Blutzuckerspiegel sofort verrückt. Außerdem, fügt sie entschuldigend hinzu, habe sie nicht viele Plätzchen entwendet, bloß fünf oder sechs, köstlich seien die übrigens, ob sie das Rezept dafür bekommen könne? Doch nun wolle sie sich sicherheitshalber kurz hinlegen, denn sie hätte ganz seltsame Gefühle, und ihr würde langsam auch, unangenehmerweise, übel.

Jürgen K. seinerseits gerät angesichts Maryjens, die nun in all ihrer mageren Zartheit auf die Polstermöbel sinkt, in Panik: »Maryja, hast du die Kekse aus der Dose mit den aufgemalten Totenköpfen genommen?« Sie nickt und ist zu diesem Zeitpunkt bereits ziemlich bleich. Der Kreislauf. Jürgen K. lagert erst ihre Beine hoch, um einen Kollaps abzuwenden, läuft dann hektisch los, um ein Glas Wasser zu holen. In den Keksen, lügt er in seiner Verzweiflung, um ihr, der guten, lieben Maryja, dieser Perle von Mensch, eine einigermaßen glaubhafte Erklärung für ihren blümeranten Zustand zu liefern, sei ganz viel Alkohol, Schnaps, es seien Schnapskekse, und es sei daher nicht verwunderlich, dass die jemandem, der nie auch nur ein Gläschen trinke, nicht bekämen.

Tatsächlich war Maryja total breit. Die fünf, sechs Cannabiskekse waren vier, fünf zu viele gewesen. Einer hätte vollauf gereicht. Ein Keks hätte in Minutenschnelle den Blutzuckerspiegel saniert, und Maryja wäre etwa eine halbe Stunde später, langsam und kaum merklich in einen Zustand sanfter Fröhlichkeit, vielleicht sogar Albernheit gedriftet, die sie wie einen leichten Schwips empfunden hätte. Wie einen angenehmen, absonderlichen Schwips zwar, doch was weiß eine Frau, abstinent wie die Dreifaltigkeit, schon von den feinen Unterschieden der verschiedenen Räusche, in die sich ein Mensch stürzen kann?

Was wissen wir davon? Von kultivierten und barbarischen Räuschen, von legalen und illegalen, von gesellschaftlich anerkannten und solchen, über die man besser in der Öffentlichkeit nicht spricht? Was wissen wir noch von den Pflanzen und Pilzen, die unsere Vorfahren im Laufe der Menschheitsgeschichte entdeckt, kultiviert und zu den mannigfaltigsten Zwecken verwendet haben?

Für Maryja hingegen, das war Cannabisveteran Jürgen K. klar, stellten Ethnobotanik und deren Forschungsgegenstand, die bewusstseinserweiternden Entheogene und ihre sich subtil unterscheidenden Wirkungen, im Augenblick keine greifbaren Werte dar. Sie steckte unfreiwillig in allein durch ihn verschuldeten Problemen. Eine größere Menge Haschkekse kann selbst passionierte Kiffer umwerfen und vorübergehend in üble Zustände versetzen, wenn der Kreislauf schlappmacht. Man sollte dann schleunigst das tun, was Jürgen K. ohnehin tat: die Beine hochlagern – seine eigenen oder die des anderen, je nachdem, wer der dümmere Kiffer oder Keksesser gewesen war – und eine ausgesprochen unangenehme Stunde abwarten, bis die Kräfte wiederkehren, sich der Kreislauf stabilisiert hat und die Übelkeit verschwindet. Ein bisschen Fliegen ist in Ordnung, wenn man high ist, aber abzuheben und die Bodenhaftung zu verlieren, fühlt sich ganz und gar widerlich an.

Jürgen K. überlegte nicht lange, denn Maryjas Wohl war eindeutig vorrangig, und schickte die Angst vor möglicherweise bevorstehenden polizeilichen Befragungen über Drogenbesitz, Beschaffung und die fahrlässige Vergiftung der Haushaltshilfe kurzerhand zum Teufel. Maryja musste in ärztliche Behandlung, am besten gleich ins Krankenhaus.

Und alles wurde gut. Die Diagnose lautete: ›Schwächeanfall‹, und niemand fragte nach den Ursachen. Sie bekam eine kreislaufstärkende Infusion und blieb über Nacht. In der schlief sie

Das Portrait einer Haschischraucherin *von Émile Bernard (1900) zeigt die Dame mit skeptischem Blick, aber beeindruckend großer Pfeife.*

sehr lange und sehr tief, erwachte am nächsten Morgen vollständig wiederhergestellt, setzte sich im Bett auf, verlangte nach der Schwester und fragte sie irritiert: »Sagen Sie, wie viele Jahre war ich weg?«

Eine Woche später, Maryja war längst wieder im Dienst, erzählte sie Jürgen K. von ihrem absonderlichen, doch letztlich eigentlich angenehmen Schwips. »Bin ich gereist«, meinte sie schwärmerisch, »rund um die ganze Welt. Überallhin.« Und fügte nach einer kurzen Pause hinzu: »War interessant!« Er selbst war vor allem erleichtert über Maryjas Genesung, wie auch darüber, dass der Kelch polizeilicher Ermittlung an ihm vorübergegangen war. Im Nachhinein kommentierte er die Episode mit den Worten: »Wäre Cannabis eine legale Droge, wäre gar nichts passiert, denn dann müsste man Haschkekse nicht in Dosen mit aufgemalten Totenköpfen stecken, vor allem aber wüssten wir alle, wie damit umzugehen ist.« So, wie wir gelernt haben, gesellschaftlich anerkannte Drogen wie Alkohol lediglich in halbwegs bekömmlichen Mengen aus der Flasche zu lassen. Oder auch nicht, in Anbetracht der mindestens 74 000 jährlichen Todesfälle, die laut der *Deutschen Hauptstelle für Suchtfragen* allein in der Bundesrepublik auf Alkoholmissbrauch zurückzuführen sind – wobei dies noch eine sehr vorsichtige Schätzung ist. Am Hanf, das steht hingegen fest, ist noch niemand gestorben. Um eine letale Dosis zu sich zu nehmen, müsste man binnen einer Viertelstunde etwa 680 Kilogramm Cannabis inhalieren.

Die Weltgesundheitsorganisation, kurz WHO, definiert ›Droge‹ als eine Substanz, die Funktionen in einem lebenden Organismus zu verändern vermag. Wir alle nehmen regelmäßig Drogen in Form von Kaffee, Alkohol, Tee und Tabak zu uns, die laut der WHO Alltagsdrogen sind. Auch Medikamente wie Schmerz- und Beruhigungsmittel, Blutdrucksenker und dergleichen mehr gelten als Drogen. Hätte Maryja statt der fünf, sechs Haschkekse fünf, sechs Schnäpse getrunken, wäre es ihr wahrscheinlich miserabler ergangen, und ob sie in betrunkenem Zustand ihre interessante nächtliche Reise durch ferne Länder unternommen hätte, ist ebenfalls fraglich. Ganz sicher jedoch wäre sie am nächsten Morgen mit einem Kater erwacht, mit Brummschädel, Übelkeit und allen anderen üblichen Folgen eines Alkoholexzesses. Das High durch Cannabis hingegen hat keine vergleichbaren Nachwirkungen, der Zustand hält auch nicht so lang an wie alkoholbedingte Trunkenheit. Ein Rauchhigh vergeht nach spätestens vier Stunden.

Doch wie fühlt es sich an, ›high‹ zu sein? Die ›Harvard Medical School‹ definiert den Zustand folgendermaßen:

> *Ein ruhiger, leicht euphorischer Zustand, in dem die Zeit langsamer zu vergehen scheint und die Empfindung für Licht, Geräusche und Berührungen gesteigert ist.*[14]

Die *Deutsche Hauptstelle für Suchtfragen* beschreibt die Effekte ähnlich:

> *Der Cannabisrausch tritt meist relativ schnell ein und besteht vor allem aus psychischen Wirkungen, die von der jeweiligen Grundstimmung des Konsumenten beeinflusst werden. Grundsätzlich werden die bereits vorhandenen Gefühle und Stimmungen – ob positiv oder negativ – durch den Wirkstoff verstärkt.*[15]

Der genannte Wirkstoff ist das Tetrahydrocannabinol. 1964 isolierte Raphael Mechoulam an der Universität Jerusalem zum ersten Mal dieses wichtigste unter den 113 in Hanfblüten enthaltenen, bisher bekannten psychoaktiven Cannabinoiden. Im Jahr 1990 entdeckten Forscher am ›National Institute of Health‹ in Washington schließlich zu ihrem großen Erstaunen im Gehirn Rezeptoren – also die Andockstellen der Zellen, die man sich wie Schlüssellöcher vorstellen kann –, die ausschließlich von THC aktiviert werden. Sofort begann ein

Der Effekt des Haschisch *steht dem Mann ins Gesicht geschrieben und gepinselt. Pasquale Liotta, 1875.*

erwartungsvolles Rätselraten. Wozu waren die da? Hatte die Evolution dem Menschen etwa die physische Ausstattung für den bewusstseinserweiternden Genuss von Cannabis mit auf den Weg gegeben?

Zwei Jahre später fanden Wissenschaftler die Antwort in Form einer bis dahin unbekannten, vom Körper selbst im zentralen Nervensystem gebildeten Substanz mit einer dem THC stark ähnelnden dreidimensionalen Struktur, die wie ein Schlüssel zu diesen Rezeptoren passt. Diese Entdeckung war eine Sensation. Der menschliche Körper höchstselbst produziert also eine cannabisähnliche Chemikalie als Neurotransmitter! Ein kleines Grund-High tragen wir demnach alle in uns, ob wir nun wollen oder nicht.

Die Forscher gaben dem Stoff den schönen Namen ›Anandamid‹ und zollten damit den mehr als zweitausend Jahre alten indischen Schriften und den Philosophen des *Vedanta*, der Veden Respekt. In den *Upanishaden* ist ›Ananda‹, die Freude und Glückseligkeit, die höchste Form unbedingten Glücks. THC und möglicherweise auch andere Cannabinoide verstärken die biochemischen Prozesse, die auch Anandamid verantwortet und die nach derzeitigem Stand der Forschung hauptsächlich mit Wahrnehmung, Gedankenverarbeitung und Assoziation zu tun haben.

Laienhaft ausgedrückt könnte man demnach behaupten, Cannabis weite das gewohnte, ›normale‹ Spektrum der Wahrnehmung ein wenig aus. Es verschiebt die Grenzen der Wahrnehmung und gestattet uns für kurze Zeit einen Blick in die Räume hinter dem regulären Gewebe dieser Welt. Das kann ausgesprochen inspirierend sein, doch gelegentlich erleben Menschen auch unangenehme Highs. Wenn auch die selten einsetzenden Angstzustände oder Panikattacken meist schnell wieder abklingen, sollten psychisch ohnehin labile Personen beim Cannabiskonsum Vorsicht walten lassen. Der französische Schriftsteller Charles Baudelaire gibt in seiner 1860 erschienenen Abhandlung über die Wirkung von Opium und Haschisch mit dem sprechenden Titel *Die Künstlichen Paradiese* ebenfalls einen leisen Hinweis, wenn er schreibt:

> *Der Haschisch wird für die Eindrücke und die dem Menschen eigentümlichen Gedanken zum Vergrößerungsspiegel, aber zu einem Spiegel eben nur.*

Baudelaire war einer der vielen mit Drogen experimentierenden Künstler und Intellektuellen, die ihre Erfahrungen niederschrieben. Die Literatenclubs des 19. Jahrhunderts lebten in einer prohibitionsfreien Zeit, und manche von ihnen hatten wenig mehr zum Ziel, als die Wirkung verschiedener bewusstseinserweiternder Substanzen zu testen. Opium, seit der Antike in Europa bekannt und in Gebrauch, spielte die Hauptrolle, doch Cannabis war neu auf dem Markt, und es machte neugierig.

Die napoleonischen Expeditionen, insbesondere der Ägyptenfeldzug von 1798–1801 hatten nicht nur Artefakte wie den ›Stein von Rosetta‹ nach Frankreich gebracht, sondern auch Napoleons Soldaten mit Haschisch bekannt gemacht. Erst erreichte es in den Tornistern der Militärs die Grande Nation, bald war es in ganz Frankreich und über seine Grenzen hinaus populär.

Der berühmteste Drogenclub der damaligen Zeit war der *Club des Hachichins* in Paris, dem auch Baudelaire angehörte. Der Psychiater Jacques-Joseph Moreau hatte ihn 1844 gegründet, und bis zum Jahr seiner Auflösung 1849 nahmen Literaten und Schriftsteller wie Alexandre Dumas und Victor Hugo, Maler wie Eugène Delacroix und Honoré Daumier, Wissenschaftler und andere neugierige Pariser Intellektuelle an den experimentellen Treffen des *Klubs der Haschischesser* teil. Sie fanden in Form monatlicher Séancen bei Fernande Boissard statt, einem Maler, der, ganz Bohemien, im Hôtel Pimodan auf der Île Saint-Louis residierte.

Die illustre Runde konsumierte Marihuana stilvoll in Form eines süßen, mit Cannabis angereicherten Konfekts nach orientalischer Rezeptur. Théophile Gautier beschreibt in seinem Essay *Le Club des Hachichins* den stilvollen Umgang mit ›Dawamesk‹:

Der Doktor stand vor einer Anrichte, auf der sich ein Tablett befand, das mit kleinen Untertassen aus japanischem Porzellan beladen war. Ein etwa daumengroßer Klumpen grünlichen Teiges oder Konfitüre wurde von ihm mit Hilfe eines Spatels aus einer Kristallvase entnommen und neben einen purpurroten Löffel auf jede Untertasse gelegt.

Es folgt die Beschreibung eines kaleidoskopischen Drogentrips, der mit Cannabis allein wohl nicht zu erklären ist. Der gute Doktor dürfte noch stärkeren Tobak als Cannabis in seine Haschmarmelade gemischt haben. Er war auch der erste Arzt, der auf der Suche nach Heilmitteln für Geisteskrankheiten die Wirkung von Drogen auf das zentrale Nervensystem analysierte und systematisch aufzeichnete.

Die Séancen hatten in der Kunstwelt eine nachhaltige Wirkung. Haschischbezüge finden sich in vielen literarischen Werken dieser Zeit, in Texten von Victor Hugo, Honoré de Balzac, Arthur Rimbaud und Thomas De Quincey bis zu Fitz Hugh Ludlow. Der verfasste mit *Der Haschisch-Esser* eine Ode an das Cannabis. Selbst in den Literaturkanon eingereihte Werke wie Alexandre Dumas' *Der Graf von Monte Christo* ergehen sich in erstaunlichen Schilderungen der Drogenräusche, etwa wenn Franz d'Epinay während des römischen Karnevals erstmals mit Cannabis in Kontakt kommt:

Sie haben das richtige Wort gesagt, Herr Aladin, es ist Haschisch, was es Bestes und Reinstes von Haschisch in Alexandrien gibt, vom Haschisch von Abu Gor, dem Einzigen, dem großen Bereiter desselben, dem Manne, welchem man einen Palast mit der Inschrift »Dem Glückshändler die dankbare Welt« bauen sollte.

Französische Literaten experimentierten mit allerlei Drogen, wobei Haschisch noch deren mildeste Vertreterin war. Fantin-Latour, Französische Dichter an einem Tisch, *1872.*

Die Selbstversuche des *Club des Hachichins* sind in den Schriften seiner Mitglieder gut dokumentiert und der Club selbst weltbekannt, doch es gab auch andere, weniger öffentlichkeitswirksame Zusammenkünfte von Experimentierfreudigen und Wissbegierigen. Der deutsche Journalist und Autor Carl Ferdinand Ritter von Vincenti (1835–1917) etwa beschrieb sich selbst als »Mitbegründer eines kleinen siebenköpfigen Hanfclubs in Kairo«. Er hielt im Jahr 1880 einen Vortrag über seine Erfahrungen mit dem Titel *Der Dämon des Hanfes*, in dem er, der unheimlichen Überschrift so gut wie durchgängig widersprechend, die Effekte des Hanfgenusses auf die Befindlichkeit der Clubmitglieder als recht positiv beschrieb.

Die Heiterkeit ist geradezu unbezwinglich. Man lacht über sich selbst, Einer lacht über Alle, es lachen Alle über Einen. Ein gesunder Beobachter, der da nicht mit einstimmte, gälte natürlich als Erznarr.

Auf die bewusstseinserweiternden Zustände geht er ebenfalls ein:

Es kommen übrigens in dieser Wirkungsphase Fälle vor, welche eine ganz wunderbare geistige Klarheit und Combinations- wie Gedächtnisskraft des narkotisierten Gehirns bezeugen. Insbesondere die Fähigkeit, grosse Zahlenschwärme zu beherrschen und mathematisch richtig zu Paaren zu treiben, ist bei mit Zahlen auch sonst nicht Unvertrauten geradezu stupend.

Der Versuch, die Wirkung von Cannabis zu beschreiben, bleibt jedoch unbefriedigend, ein unscharfes, von individuellen Befindlichkeiten abhängiges Bild, von der Qualität der konsumierten Droge, von den Rahmenbedingungen des Genusses. Mitunter beflügelt das High die Kreativität auf angenehmste Weise, es lässt den Bekifften plötzlich Zusammenhänge erkennen, hundert Mal gehörte, bis dahin nie erfasste Musiktexte werden plötzlich verständlich, neue Ideen nehmen Gestalt an, Eingebungen schwirren daher, können festgehalten und auch nach dem Abklingen des feinen Rausches für brauchbar befunden werden.

Walter Benjamin beschreibt diesen Effekt in seinen *Protokollen zu Drogenversuchen* recht anschaulich.

Gefühl, Poe jetzt viel besser zu verstehen. Die Eingangstore zu einer Welt des Grotesken scheinen aufzugehen. Ich wollte nur nicht hereintreten,

notierte er unter »Hauptzüge der ersten Haschisch-Impression. Geschrieben 18. Dezember 1927. 3½ Uhr früh.«

In einem weiteren Drogenprotokoll, verfasst an einem herbstlichen Samstag in Marseille im Folgejahr 1928, hält er fest:

Einen letzten Anstoß, Haschisch zu nehmen, gaben mir gewisse Seiten im Steppenwolf, die ich heute Früh gelesen hatte.

Hermann Hesse, dem Marihuana ebenfalls zugetan, beschreibt im *Steppenwolf* einen ›Trip‹, wobei unklar bleibt, welche Drogen ihn verursacht haben. Walter Benjamin notierte jedenfalls gleich nach dem Cannabisrausch verzückt:

Und auf dem Hintergrunde dieser immensen Dimensionen des inneren Erlebens, der absoluten Dauer und der unermeßlichen Raumwelt, verweilt nun ein wundervoller, seliger Humor desto lieber bei den Kontingenzen der Raum- und der Zeitwelt.

Viele kreative Menschen beschreiben das Bekifftsein als inspirierend. Apple-Gründer Steve Jobs meinte etwa, Cannabis und Haschisch würden ihn entspannen und seine Kreativität steigern. In seiner Biografie berichtete er Isaacson, dass sein späterer Freund Paul David Hewson, besser bekannt als Bono und Frontman der irischen Rockband U2, so weit gegangen war zu behaupten:

> *Die Menschen, die das 21. Jahrhundert erfanden, waren Marihuana rauchende Hippies in Sandalen wie Steve, die von der Westküste kamen und einen anderen Blickwinkel hatten. Die hierarchischen Systeme der Ostküste, Englands, Deutschlands und Japans unterstützen dieses andere Denken nicht. In den sechziger Jahren entstand eine anarchische Denkweise, die sich gut dazu eignete, sich eine noch nicht existierende Welt vorzustellen.*

Der britische Neurologe Oliver Sacks erzählt in seiner 2015 erschienenen Autobiografie *On The Move. Mein Leben* von den virtuellen Reisen, die er in seiner Zeit in Kalifornien an den Wochenenden unternahm:

> *Drogentrips mit Hilfe von Cannabis, Prunkwindensamen oder LSD. Das waren geheime Reisen, niemand nahm an ihnen teil, niemand erfuhr von ihnen.*

Die Dichter und Künstler des 19. Jahrhunderts konnten ihre Drogenerfahrungen noch frei und ohne Verfolgung fürchten zu müssen, in die Welt hinausposaunen. Alle nachfolgenden Generationen mussten in den Untergrund gehen und sich Haschisch auf illegalem Weg besorgen. Doch die Situation ändert sich. Mit der erstarkenden Liberalisierungsbewegung für Cannabis outen sich immer mehr Prominente und Künstler, beschreiben freimütig ihre Erfahrungen mit Cannabis, fordern die Entkriminalisierung. Der Schauspieler Morgan Freeman fasst kürzestmöglich zusammen: »Gib das Ganja niemals auf!« Für solche Bekenntnisse wäre er vor wenigen Jahren noch gerichtlich verfolgt worden. Man hätte sein Haus durchsucht und Anklage gegen ihn erhoben.

Der Jazzmusiker Louis Armstrong gehörte jedoch noch einer der etwa von 1913 bis 2012 verfolgten Zwischengenerationen an. Als er im November 1930 gemeinsam mit seinem Drummer Vic Berton vor dem *Cotton Club* in Culver City im LA County wie üblich einen Joint rauchte, diesmal allerdings dabei erwischt wurde, wanderte er für neun Tage in den Knast und wurde zu sechs Monaten bedingt verurteilt. Er befindet sich damit in prominenter Gesellschaft von so bekannten Persönlichkeiten wie Robert Mitchum, Chet Baker, Ray Charles, Tony Curtis, David Bowie, Joe Cocker, allen Beatles mit Ausnahme von Ringo Starr, allen Rolling Stones und vielen anderen mehr.

»Wir haben alle Marihuana geraucht«,[16] meinte Louis Armstrong in einem Interview, und es betrübe ihn zutiefst, ›Pot‹, wie Haschisch in Amerika und später weltweit genannt wurde, mit härteren Drogen in Verbindung gebracht zu sehen. Als im Jahr 1954 seine Frau Lucille in einem Hotel auf Hawaii verhaftet wurde, weil Drogenfahnder in ihrem Brillenetui auf einen ganzen und zwei angerauchte Joints gestoßen waren, die, wie angenommen wird, ihm gehörten, reichte es ihm. In einem Brief an seinen Manager Joe Glaser legte er die künftigen Spielregeln fest:

> *Mister Glaser, Sie müssen dafür sorgen, dass ich die spezielle Erlaubnis habe, alle Joints zu rauchen, die ich rauchen will, und zwar wann immer ich will, andernfalls lege ich einfach die Trompete nieder, und das war's dann.*[17]

Zeitlebens wurde Louis ›Pops‹ Armstrong immer wieder auf seine Knastepisode und seinen Marihuanakonsum angesprochen, wenn auch meist von Gleichgesinnten. Eines Tages hatte es an seiner Haustür geläutet. Als er öffnete, standen dort fünf Jugendliche, die ihm mit Gitarren und Ukulelen ein Ständchen spielten, bevor einer von ihnen feierlich einen riesigen Joint hervorzog, ihn entzündete, zwei Züge nahm und ihn an Louis Armstrong weiterreichte: »Pops, wir glauben, du kannst das gebrauchen, nach allem, was du durchgemacht hast.«[18] Die ganze Szene und dieser Joint, erinnerte sich der Trompeter Jahre später, hätten ihn sehr gerührt. Sie waren sozusagen Cannabis-Balsam für seine Seele.

Medizin

Kiffen mit den jungen Delfinen

Dich, Herrin der Heilmittel all, Siegreiche, dich ergreifen wir;
Als tausendkräftige Arzenei für alles, Pflanze, brauch ich dich.[19]

ATHARVA-VEDA

Auf seiner Fahrt durch das Mittelmeer war das Schiff der weltweit bekannten Umweltorganisation noch in ruhigem Gewässer unterwegs gewesen. Der alte Eisbrecher stampfte und rollte zwar ein wenig, doch der Kaffee schwappte nicht aus der Tasse, wenn man sie auf einem der Tische in der Kombüse abstellte. Die Grünpflanze mit den langen Blättern auf dem Wandpult über dem Bullauge wippte gemächlich auf und ab. Das sollte sich bald ändern. Kurz bevor wir die Meeresenge von Gibraltar passierten, wurde für den Atlantik Sturm angesagt. Die Schiffscrew begann sofort, jeden beweglichen Gegenstand zu verstauen oder mit Gurten festzuzurren. Binnen einer halben Stunde waren alle Schränke versperrt, die Schubladen mit Stahlschellen gesichert, Stühle und Tische angebunden und noch der kleinste Kochtopf in Sicherheit gebracht.

Dann gingen die meisten von uns schlafen. Um die Fixierung der Betten mussten wir uns nicht kümmern, sie waren ohnehin mit dem Boden verschraubt. An den Längsseiten unter den Matratzen hatte man jeweils Bänder fixiert, die wie ein Sicherheitsgurt über den Schlafenden geschlossen wurden und dafür sorgen sollten, dass bei hohem Seegang niemand aus dem Bett geschleudert würde. Alles in allem herrschte eine etwas beunruhigende Ruhe vor dem Sturm in dieser Nacht.

Im Bauch des Schiffes war ein geräumiger Laderaum, zugleich der inoffizielle soziale Treffpunkt aller Passagiere, über eine steil abwärtsführende schmale Metalltreppe erreichbar. Eine düstere marine Kathedrale aus stählernen Streben und Wänden tat sich auf.

Hier, unter der Wasserlinie, befand sich neben in Finsternis entschwindenden Stahlcontainern für Tauch- und andere Ausrüstungsgegenstände sowie allerlei rätselhaften riesigen Maschinen auch ein einfacher Fitnessparcours und eine aus Metallteilen provisorisch zusammengeschweißte hell erleuchtete und freundliche Bar. Nach Schichtwechsel wurde hier von der eben abgelösten und in die Freizeit entlassenen Mannschaft trainiert, Bier getrunken, wurden Zigaretten geraucht und derbe Witze ausgetauscht.

Am Abend vor dem Sturm war die Bar zwar erleuchtet, aber völlig leer, und es herrschte bis auf das Stampfen der großen Maschinen und die auf einem Schiff üblichen klirrenden Geräusche von Metall, Ketten, Schäkeln und anderen marinen Teilen eine ungewohnte Ruhe. Von der leeren Bar aus war gelegentlich jemand zu sehen, der zielstrebig vorbeihastete, die Halle bis zu ihrem finsteren Ende querte, dort eine unscheinbare, senkrecht verlaufende Wandleiter erklomm und, oben angelangt, mit einem akrobatischen Schwung durch eine Sicherheitstür verschwand. Ich beobachtete den Vorgang mehrfach und mit wachsendem Interesse.

Hinter dieser Tür musste irgendetwas sein, das war klar. Etwas, das Außenstehenden offenbar vorenthalten blieb, zu dem

Außenstehende explizit nicht eingeladen waren. Doch wir waren nun schon lange gemeinsam unterwegs gewesen, und keine Einladung bedeutete schließlich keine Ausladung. Außerdem hatte ich die Hoffnung, dass doch noch jemand die Bar aufsuchen und mir Gesellschaft leisten würde, mittlerweile begraben. Also begab ich mich ebenfalls zum finsteren Hallenende und kletterte die Leiter hinauf.

Hinter der Tür tat sich ein weiter, auf der gegenüberliegenden Wandseite bis auf eine Brüstung geöffneter Raum auf, eine Art Stahlempore, die zwar zur unteren Kathedrale passte, doch betörend anders war: ein Panoramabalkon auf offener See mit Blick auf einen gigantischen samtschwarzen Sternenhimmel und ein endloses silberschimmerndes Meer, das wir Meter für Meter durchquerten.

Eine lustige Truppe war hier versammelt, zehn, zwölf Männer, und obwohl der salzige Seewind unsere Nasen umwehte, so hing doch unverkennbar der Duft von Cannabis in der Brise. Keine Frage, die Leute hier hatten sich auf dem hintersten Pürzel des Schiffes zusammengefunden, um ein paar Joints durchzuziehen. »Willkommen im Shithole«, meinte Steve, der Maschinist, mit Ende 40 einer der Ältesten an Bord. Er bemerkte meine Überraschung und reichte einen wohlgeformten Joint weiter. Kiffen, belehrte er mich, sei erwiesenermaßen neben Ingwer die beste Medizin gegen die Seekrankheit. Oft erprobt und für tauglich befunden. »Beides« setzte er hinzu, »können wir in den nächsten Tagen gut brauchen.« Als der Joint aufgeraucht war, schnippte er die Kippe entgegen aller an Bord dieses Umweltschiffs herrschenden strengen Auflagen ins Meer. »Was?«, fragte ich. »Was soll das denn jetzt?« Er erklärte

Aus dem spätantiken Wiener Dioskurides, *entstanden um das Jahr 512, stammt diese Abbildung einer herrlich feisten Hanfpflanze.*

bedächtig: »Hey, das ist der Grund, warum die jungen Delfine unseren Schiffen folgen. Wir opfern das Beste. Ihnen und dem Meer.«

Als vor dem Morgengrauen der Sturm loslegte, verstand ich alles: die angegurteten Kaffeetassen, die verbarrikadierten Schubladen und die ärztlichen Tauglichkeitsatteste, die vor der Mitfahrt hatten abgeliefert werden müssen. Wir schlingerten dahin wie auf einem extremen ›Fun Ride‹ im Vergnügungspark, der nicht aufhören will. Drei Tage lang. Das Shithole war längst wasserdicht verbarrikadiert, die Tür nach außen verriegelt wie ein Safe. Mehr als die Hälfte der Mannschaft lag spuckend in den Kajüten, die Kombüse hatte wegen mangelnder Nachfrage den Dienst quittiert. Nur ein halbes Dutzend von uns hielt die Stellung, manche davon Kiffer, andere nicht. Steve, der Maschinist, rauchte auf jeden Fall auch weiterhin zwischendurch seine Joints. Er war zwar seekrank, blieb aber immerhin einsatztauglich. Ob das dem Kiffen zuzuschreiben war oder nicht – die Kippen den Delfinen zu opfern, war im Sturm jedenfalls unmöglich geworden. Alle Luken waren dicht, und draußen wütete das Inferno.

Cannabis ist seit Jahrtausenden nicht nur als Genuss- und Rauschmittel in Gebrauch, es galt seit jeher, wie Funde und vor allem alte Schriften belegen, auch als Heilmittel. Eine der frühesten Erwähnungen von Cannabis als Bestandteil einer Arznei – die Rezeptur einer Paste für entzündete Finger- oder Fußnägel – findet sich im etwa 3600 Jahre alten medizinischen *Papyrus Ebers* aus dem alten Ägypten, das heute in der Leipziger Universitätsbibliothek aufbewahrt wird. In medizinischen

Tempelinschriften und auf den Papyri des Ramesseum in Theben, einem im 13. Jahrhundert vor unserer Zeitrechnung errichteten Totentempel des Pharaos Ramses II., ist ein Heilmittel für die Augen erwähnt, das als Rezeptur für die Behandlung des Glaukoms gedeutet wird:

> *Sellerie, Hanf, wird zermahlen und im Tau der Nacht gelassen.*
> *Beide Augen des Patienten werden damit am Morgen gewaschen.*[20]

Im chinesischen Heilkräuterbuch *Shennong Bencaojing*, zwischen 300 vor und 200 nach unserer Zeitrechnung verfasst, wird der Hanf ebenso wie in der 1587 vom chinesischen Arzt Li Shizhen fertiggestellten medizinischen Enzyklopädie *Bencao Gangmu* erwähnt. Auch in arabischen sowie antiken griechischen und römischen medizinischen Texten und selbstverständlich auch in allen ayurvedischen Schriften der traditionellen indischen Heilkunst wird dem Hanf eine Rolle als Heilmittel eingeräumt, etwa gegen Nervosität, Übellaunigkeit, Senilität, Kopfschmerzen, Skorpionstiche, gegen Frauenleiden, allgemein als Schmerz- und Entspannungsmittel und dergleichen mehr. Auch in der erstmals 1843 erschienenen *Encyklopädie der gesammten Volksmedicin* des deutschen Arztes Georg Friedrich Most (1794–1845) wird der Hanf angeführt und erwähnt, dass statt Tabak gerauchte Hanfblätter »hypochondrische Launen« vertreibt und der »Erheiterung« dient.

Einer der womöglich cannabiskundigsten europäischen Mediziner des 19. Jahrhunderts war der Ire William Brooke O'Shaughnessy (1809–1889). Er verbrachte mehrere Jahre im Dienst der Ostindien-Kompanie als Chirurg in Kalkutta und befasste

Offenbar beherrschten die Geishas der japanischen Ukiyo-e-Periode auch die Kunst, formvollendete Rauchringe in die Luft zu blasen. Farbholzschnitt von Suzuki Harunobu, 18. Jahrhundert.

sich in experimentellen Studien mit traditionellen indischen Heilpflanzen, darunter auch mit dem Hanf. Als O'Shaughnessy nach Irland zurückkehrte, nahm er neben einem stattlichen Dope-Vorrat auch Rezepturen für traditionelle Hanftinkturen mit. Er gilt heute auch dank seiner Publikationen als einer der wichtigsten Vorreiter für die Verwendung von Cannabis zu medizinischen Zwecken in Europa und den USA. Dort machten Cannabispräparate in den Jahren zwischen 1842 und 1900 immerhin die Hälfte aller verkauften Medikamente aus.

Die Schulmedizin, der die Erforschung der Pflanze und ihrer Inhaltsstoffe durch die Hanf-Prohibition über fast acht Jahrzehnte untersagt worden war, begann sich erst ab den 1970er-Jahren wieder dafür zu interessieren. Heute herrscht vorsichtige Einigkeit über die medizinische Wirkung von Hanf nach westlichen, wissenschaftlich erforschten und begründeten Grundsätzen, obwohl die Analyse der Pflanze noch in ihren Anfängen steckt. Cannabis, sagen seine Befürworter, helfe bei Übelkeit und Migräne, bei Schlafstörungen und Grünem Star, chronischen Schmerzen, Multipler Sklerose, depressiven Störungen, Tourette-Syndrom, chronischer Polyarthritis, Tinnitus, Asthma und etlichen anderen Krankheiten.

Seit 1964 THC als erstes Cannabinoid isoliert wurde, sind bislang 113 weitere unterschiedliche Cannabinoide identifiziert worden. Jedes davon hat ein anderes Wirkungsspektrum, und es scheint so, als würden sie einander ergänzen. Neben THC wird derzeit dem nicht psychoaktiven Cannabidiol CBD eine tragende Rolle zugesprochen. Die meisten Medikamente auf Cannabisbasis sind in den USA mittlerweile zugelassen, etwa

Präparate gegen Übelkeit und Erbrechen bei Chemotherapie, Anorexie, gewissen Formen der Epilepsie und Spastik bei Multipler Sklerose. Auch in anderen Ländern wie Deutschland und Österreich ist es Ärzten seit Kurzem unter entsprechenden Auflagen erlaubt, Cannabis zu verschreiben. Der Eigenanbau indes bleibt verboten.

Lester Grinspoon, Arzt, emeritierter Professor der Psychiatrie an der Harvard Medical School und überzeugter Befürworter von medizinischem Cannabis, wies jahrelang unerschrocken in aller Öffentlichkeit auf den misslichen Umstand hin, dass kranke Menschen auf der Suche nach Linderung meistens darauf angewiesen sind, zum Zwecke der Selbstmedikation zu illegalisierten Drogen zu greifen. Der US-Amerikaner, Jahrgang 1928, gehört zu jenen prominenten und als Arzt und Forscher vor allem glaubhaften Cannabis-Fürsprechern, die in den vergangenen Jahrzehnten aktiv mitgeholfen haben, den Hanf zu rehabilitieren.

1966 hatte er den Astrophysiker Carl Sagan kennengelernt und sich mit ihm befreundet. Damals, erzählt Grinspoon 2015 in einem Interview, sei er noch davon überzeugt gewesen, dass Cannabis eine äußerst gefährliche Droge sei. Schließlich war er in der Ära von Harry Anslingers Hetze aufgewachsen und hatte nie etwas Gegenteiliges gehört. Zu seinem Entsetzen entdeckte er eines Tages anlässlich eines Besuchs, dass sein Freund zuhause regelmäßig Marihuana rauchte, ja nicht nur er, sondern auch die meisten seiner Freunde. Wissenschaftler, Universitätsmenschen, Forscher. Grinspoon erzählt: »Nun waren das keine naiven Leute, und ich versuchte Carl klar zu machen, wie

Fröhliches Treiben in Jaipur zu Beginn des 19. Jahrhunderts, auch dank der Wasserpfeifen und Cannabis. Der Gebrauch und die Wirkung von Bhang.

gefährlich Marihunana ist, doch er entgegnete fröhlich, das sei ganz und gar nicht der Fall.«[21]

Lester Grinspoon wollte Klarheit gewinnen und dachte, all die medizinischen Argumente zusammenzufassen, die 1937 dem *Marihuana Tax Act* zugrunde gelegen hatten, wäre einmal ein Anfang. Eine weitere Überlegung war folgende: Damals wurden jährlich 300 000 meist junge Leute nach diesem Gesetz verhaftet, 89 Prozent davon wegen des Besitzes von Marihuana. Wenn Sagan und dessen Freunde Recht behalten sollten und sich die jahrzehntelang als Fakten erachteten Thesen von Sucht und Gefahr, von Untergang und Irrsinn durch

Haschischkonsum nicht bewahrheiteten, so säßen all jene völlig zu Unrecht ein.

Der Arzt begab sich in die Bibliothek der Harvard Medical School, suchte alte Akten und Studien aus den vergangenen Jahrzehnten seit Inkrafttreten der Marihuana-Prohibition heraus – und fand zu seinem Erstaunen in den medizinischen Abhandlungen keines der gängigen Argumente gegen die Pflanze bestätigt. Marihuana wurde nicht nur als harmlos eingeschätzt, sondern vielmehr als eventuell medizinisch wertvoll. Die *American Medical Association* war 1937 gegen das Verbot der Medizinpflanze angetreten, vom Kongress jedoch abgeschmettert worden.

Dem damaligen Bürgermeister von New York, Fiorello H. LaGuardia, war das Verbot ebenfalls eigenartig vorgekommen, und zudem beunruhigte ihn die Anti-Marihuana-Hysterie in weiten Teilen der Bevölkerung seiner Stadt. LaGuardia wandte sich an die *New York Academy of Medicine* und bat um Klärung und Hilfe. Gemeinsam beschloss man, die tatsächlichen Gefahren von Cannabis im Rahmen einer groß angelegten ärztlichen Studie zu ergründen. 1944 lag das Ergebnis des sogenannten LaGuardia Committee vor und kam zu folgenden, die *Medizinischen Aspekte von Marihuana* betreffenden Erkenntnissen:

1. *Unter dem Einfluss von Marihuana ändert sich die Persönlichkeitsstruktur des Einzelnen nicht grundlegend, nur in den Verhaltensweisen zeigen sich Veränderungen.*
2. *Nach der Anwendung von Marihuana erfährt der Einzelne verstärkt Gefühle der Entspannung, Enthemmung und des Selbstvertrauens.*

3. Das durch die Substanz hervorgerufene neue Gefühl des Selbstvertrauens drückt sich vor allem durch verbale und nicht durch körperliche Aktivität aus. Es gibt einige Anzeichen für eine Abnahme der körperlichen Aktivität.
4. Die aus der Anwendung von Marihuana resultierende Enthemmung setzt latent im Individuum bestehende Gedanken und Emotionen frei, führt aber nicht zu Reaktionen, die dem Individuum im nüchternen Zustand völlig fremd wären.
5. Marihuana hat nicht nur angenehme Auswirkungen, sondern kann auch Gefühle der Angst wecken.
6. Personen mit einer begrenzten Fähigkeit, effektive Erfahrungen zu machen, und Schwierigkeiten, soziale Kontakte zu knüpfen, greifen eher auf Marihuana zurück als solche, die kontaktfreudig sind.[22]

Grinspoon las all dies mit wachsendem Erstaunen. Und im Weiteren, wie der oberste Drogenfahnder des Landes, Harry J. Anslinger, den Bericht als unwissenschaftlich abtat. Er las, wie der politisch einflussreiche Anslinger erst den New Yorker Bürgermeister und das Komitee beschimpfte, dann eine Gegenstudie in Auftrag gab und schließlich alle weiteren Studien zum Thema Marihuana kurzerhand und bis auf Weiteres verbot.

Der vormalige Cannabisgegner Grinspoon begann umzudenken und bekam große Lust, auch Haschisch zu rauchen, wie er selbst zugab, und diese vermeintlich hochgefährliche Droge am eigenen Leib zu testen. Doch zügelte er seine Gelüste vorerst, um im Falle von Interviews und Befragungen zu seinem 1968 im *Internationalen Journal der Psychiatrie* publizierten Fachartikel unangreifbar zu sein. Die gekürzte Fassung erreichte im

Im Theatrum botanicum *des britischen Botanikers und Kräuterkenners John Parkinson aus dem Jahr 1640 darf der Hanf nicht fehlen.*

November 1969 im populärwissenschaftlichen Magazin *Scientific American* die breite Öffentlichkeit. Die Reaktionen, so Grinspoon, glichen einem Tsunami. Das Thema war offenbar heiß, mehrere Verlage bedrängten den Arzt, ein Buch darüber zu verfassen, was er auch tat:

> *Als ich für mein Buch recherchierte, fand ich nicht nur heraus, dass Marihuana nicht gefährlich war, ich begann auch zu verstehen, warum Leute es verwendeten, was seine Anziehungskraft ausmachte, und ich beschloss im Alter von 42 Jahren, es ebenfalls zu versuchen.*

Marihuana Reconsidered erschien 1971 und gilt nach wie vor als einer der Meilensteine der Cannabis-Liberalisierungsbewegung.

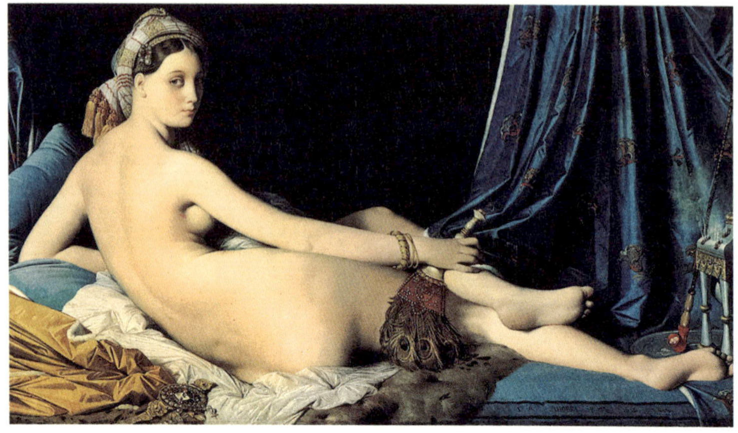

Jean Auguste Dominique Ingres zauberte 1814 für seine Die große Odaliske *dezent eine Haschischpfeife vor den Vorhang.*

Nicht nur Ärzte, auch Patienten begannen in der Post-Hippie-Ära auf ihr Recht zu pochen, Cannabis aus medizinischen Gründen konsumieren zu dürfen. Mitunter spielte der Zufall mit. Als ein junger Mann von nicht einmal 30 Jahren mit Namen Robert C. Randall zu Beginn der 1970er-Jahre von seinem Augenarzt erfuhr, dass er bedauerlicherweise damit rechnen müsse, bald zu erblinden, traf er zwei Entscheidungen. Zunächst einmal kündigte er seinen waghalsigen Job als zunehmend fehlsichtiger Taxifahrer und heuerte als Lehrer für Rhetorik und Sprache am Prince George's Community College an. Seine zweite Entscheidung erwies sich als ebenso vernünftig, wenn auch als deutlich riskanter: Er begann auf dem Dach seines Wohnhauses in Capitol Hill, Washington D. C., Hanfpflanzen großzuziehen.

Randall litt unter erhöhtem Augeninnendruck, Glaukom oder Grüner Star genannt. Wird diese Krankheit nicht rechtzeitig erkannt und dauerhaft behandelt, droht langfristig die Erblindung. Der junge Mann hatte jedoch nach dem Genuss eines in der Freundesrunde weitergereichten Joints zu seinem großen Erstaunen bemerkt, dass er besser sehen konnte. Er fand, das Kiffen helfe seinen Augen offenbar auf irgendeine seltsame Weise, und mochte dieses gute Gefühl nicht mehr missen. Randall wollte angesichts der üblen Prognose nichts mehr unversucht lassen, und sei es auch eine gesetzeswidrige Eigenmedikation. Also organisierte er Töpfe, Erde und Cannabissamen, um selbst für seine Dauermedikation sorgen zu können. Als 1975 ausgerechnet die Nachbarwohnung ausgeraubt wurde und die zur Hilfe geeilten Polizeibeamten so zufällig Randalls kleine Dachplantage nebenan bemerkten, kam er schließlich vor Gericht.

Obwohl der Anwalt das Kichern nicht unterdrücken konnte, als ihn sein Klient dazu aufforderte, dessen Krankheit als Argument für die Cannabisanpflanzung ins Treffen zu führen, gewann Randall im November 1976 den Prozess schließlich in letzter Instanz vor dem Obersten Gerichtshof. Der Richter begründete seine Entscheidung damit, dass das Abwenden des Übels, der Erblindung des Angeklagten, gewichtiger sei als sein Vergehen.

Robert C. Randall war damit der erste legale Marihuanaraucher der USA seit der Prohibition 1937 und gilt als Pionier der medizinischen Cannabisbewegung. Der Staat trug fortan für seine Haschzigaretten Sorge, die, wie er später immer wieder zu betonen pflegte, zwar wirkungsvoll, doch im Vergleich zu seinen selbstgezogenen Pflanzen langweilig und geschmacklos waren.

Unter den zahlreichen Studien der Weltgesundheitsorganisation, WHO, zu Cannabis, findet sich eine aus dem Jahr 1997:

> *Es gibt gute Gründe festzustellen, dass Cannabis nicht dieselben Risiken für die öffentliche Gesundheit mit sich bringt wie Alkohol und Tabak, selbst wenn genauso viele Menschen Cannabis benutzten wie jetzt Alkohol trinken oder Tabak rauchen.*[23]

In der Zwischenzeit sind erste Medikamente mit synthetisch im Labor hergestellten Cannabinoiden auf dem Markt erhältlich, darunter auch solche gegen den Grünen Star.

Als Randall die entspannende, den Augendruck senkende Wirkung eines Joints entdeckte, war, auf der anderen Seite des Atlantiks, seine Leidensgenossin Sabine S. noch nicht geboren. Ihr Augeninnendruck blieb über lange Zeit trotz intensiver ärztlicher Betreuung viel zu hoch. Schließlich begann sich, wie seinerzeit bei Randall, das Gesichtsfeld zu verengen, weil der empfindliche Sehnerv dem chronischen Überdruck nicht gewachsen war. Als die monatliche Druckmessung bei der Augenärztin einmal mehr missliche Resultate zeigte, zögerte diese kurz, bat ihre Assistentin, den Raum doch bitte für eine Weile zu verlassen, wandte sich dann Sabine S. unter vier Augen zu und meinte, es gäbe nun zwei Möglichkeiten: die eine wäre eine Glaukom-Operation, bei der eine Art künstliches Überdruckventil ins Auge geschnitten wird, die andere hingegen bestünde darin, einen Dealer des Vertrauens zu finden und ein-, zweimal pro Woche einen Joint zu rauchen. Die Patientin solle das doch

Husten, Kopfschmerz, Übelkeit. Cannabis-Elixiere waren in den USA bis Anfang des 20. Jahrhunderts die Hausmedizin schlechthin.

einfach ausprobieren, in den USA hätte man bereits seit den 1970er-Jahren umfangreiche Studien dazu gemacht und beste Erfolge erzielt, es gäbe auch bereits hierzulande leider bislang nicht zugelassene Augentropfen auf Cannabisbasis. Seither nascht die Nichtraucherin zwei-, dreimal wöchentlich abends vor dem Schlafengehen Cannabutter-Süßigkeiten, die den Augendruck abbauen und auf erträglicher Höhe halten.

Bis vor wenigen Jahren waren Gespräche über Cannabis auch in medizinischen Zusammenhängen tabu, es wurde aber vielerorts bereits heimlich angewendet. Doch sowohl Ärzte als auch die ›kriminellen‹ Patienten hüteten sich davor, darüber zu sprechen. Sie sei unwissentlich mit dem Geruch von Haschisch aufgewachsen, erinnert sich die Verwandte eines in den 1970er-Jahren wegen Multipler Sklerose an den Rollstuhl gefesselten Konsumenten aus der sogenannten besseren Gesellschaft. Sie habe den Duft viele Jahre später zu ihrem großen Erstaunen wiedererkannt, als jemand einen Joint in ihrer Nähe rauchte. Was für ein Déjà-vu. Sie erfuhr im Nachhinein, dass ein couragierter Arzt ihrem Verwandten damals zu Cannabis geraten und die Familie die verbotene Medizin über viele Jahre hinweg über verschlungene Wege besorgt hatte. Marihuana, sagt sie, habe ihm das Leben leichter und die Symptome seiner Erkrankung erträglicher gemacht. Auch für Multiple-Sklerose-Patienten sind mittlerweile Cannabis-Medikamente erhältlich.

Als sich die Nachrichten über den medizinischen Gebrauch von Cannabis mehrten, begann auch ich nachzudenken. Cannabis gegen Migräne? Hilfe für jemanden, die mehr als die Hälfte aller Tage mit dieser Geißel geschlagen ist, gegen die bis dato kein medizinisches Kraut gewachsen, keine Prophylaxe gefunden zu sein schien? Ein dahingehend befragter Neurologe meinte, es sei auf jeden Fall einen Versuch wert. »In Amerika«, gab er zu bedenken, »verschreiben das die Ärzte schon.«

Also begann ich fast 15 Jahre, nachdem ich beschlossen hatte Gras anzubauen, schließlich selbst regelmäßig zu kiffen. Erst nur sonntagabends, später dann zweimal in der Woche. Innerhalb eines Monats reduzierten sich die Migräneattacken auf weniger als die Hälfte, und auch die Intensität dieses elenden Körperzustands samt Schmerz, Übelkeit und den anderen Widerlichkeiten nahm deutlich ab. Der Hanf war mein Retter in tiefer Pein, in einer Phase, in der ich bereits Abschiedsbriefe an meinen Sohn formuliert hatte, weil ich nicht mehr leben wollte. Ich halte es mit der Musikerin und Sängerin Melissa Etheridge, die mit dem Kiffen die Begleiterscheinungen ihrer Strahlentherapie gegen Krebs im Zaum hielt, indem sie anstatt der fünf oder sechs verschriebenen Medikamente einen natürlichen Weg einzuschlagen beschloss und fortan Marihuana rauchte. Etheridge betreibt zwischenzeitlich ein Cannabis-Business in Kalifornien, wo Hanf bereits seit Mitte der 1970er-Jahre schrittweise legalisiert wird.

Sister Sara *ist Anfang der 1970er-Jahre sichtlich ergriffen, während sie als Postergirl für einen Headshop andächtig ihren Joint rollt.*

Subkultur

Joint Venture

Lieber Gott, wenn unsere Zivilisation zwei Tage nüchtern wäre, würde sie am dritten an Gewissensbissen sterben.[24]

MALCOLM LOWRY

Das stärkste Gras meiner bisherigen Kifferkarriere rauchte ich im Bikini auf einer kleinen, vor Afrika gelegenen Insel. Der Postkartenstrand lag fast menschenleer da, nur Palmenrascheln und Wellenrauschen waren zu hören, und die zwitschernden Rufe der Seeschwalben. Unverhofft mischte sich der Geruch von Salz und dem Indischen Ozean mit dem schweren Duft von Marihuana. Die Duftfahne wehte von einem jungen Mann mit Rastalocken herüber, der eben erst zehn Meter entfernt sein Surfboard in den Sand gesteckt hatte. Er hatte sich in den Sand gesetzt, betrachtete das Meer und rauchte einen auch in diesem Land streng verbotenen Joint. Als er in meine Richtung schaute, grinste ich und streckte zustimmend den Daumen in die Luft. Er stand auf, kam herübergeschlendert und hielt mir die Tüte mit freundlichem Lächeln hin. Wir rauchten ein Weilchen das unglaublich starke und aromatische Zeug, und ich fragte ihn, woher er den ›Shit‹ habe. Sein Lachen über diese naive Europäerfrage war ansteckend. Er drehte sich zu den dschungelbewachsenen Hügeln um und breitete die Arme aus wie der Heiland: »Jeder hier auf dieser Insel zieht irgendwo Ganjapflanzen, Mann, jeder macht das.«

Normalerweise lässt man nur eine Tüte in der Runde kreisen. In Gaetano Previatis Die Haschischraucherinnen *(1887) hat sich gleich jedes Mädchen eine eigene gedreht.*

Den elegantesten Joint wiederum bekam ich von einem livrierten Pagen in einer Wiener Gründerzeitvilla auf einem wundervollen Silbertablett gereicht, das wohl aus den frühen Jahren der österreichisch-ungarischen Monarchie stammte und auf dem gleich ein Dutzend von einem Meister seiner Zunft gedrehter Tüten lag. Das Gras darin schimmerte grün durch das glasklare, aus dem Extrakt der asiatischen Baumwollpflanze hergestellte Spezialpapier. Seit Stunden war eine wüste Party im Gange, und nach all dem Champagner fand die blaublütige Hausherrin, die fortgeschrittene Stunde sei nun reif für eine Zweckentfremdung des Tabletts ihrer Ahnen. Joints, erklärte sie als vollendete Gastgeberin einer neuen Zeit, würden stets für einen sanften Ausklang einer Fete sorgen.

Joints raucht man zwar auch allein, doch vorzugsweise tut man es doch in fröhlicher Runde. ›Joint Venture‹ wird das genannt, ein gemeinsames Wagnis, das weltweit unternommen wird, überall, zu jeder Zeit. An einem Strand im Niemandsland, auf Open-Air-Konzerten, im dreckigen Hinterhof einer mondänen Bar in New York, in der zugigen Fahrradgarage meiner alten Schule, in abgelegenen Architektur-Zeichensälen der Universitäten, von zahllosen Freunden und auf Festen sowieso. Der Musiker Willie Nelson hatte sogar gemeinsam mit einem dort arbeitenden Freund nach einem Abendessen mit Präsident Jimmy Carter auf dem Dach des Weißen Hauses in Washington einen Joint durchgezogen:

> *Ich wollte es irgendwann nicht mehr verstecken. Ich wollte machen, was ich für richtig hielt, und dazu stehen.*[25]

Cannabisbegegnungen hat der, der sie haben will, auf der ganzen Welt, und nur selten begegnet man Kiffern, die Fremde nicht an ihrer Tüte ziehen lassen. Der Verhaltenscodex des weltweiten Ordens der Cannabiskonsumenten schreibt das Teilen vor. Ebenso obligatorisch ist das rasche Weiterreichen des Joints in der Runde, nach Möglichkeit bitte mit trockenem und nicht spucknassem Filter, auch unter Kifferfreunden gibt es Grenzen.

Die Prohibition hat die Cannabis-Crowd der ›User‹ zu weltweit Verbündeten zusammengeschweißt. Erstaunlich, dass der Widerstand gegen Hanf die Kiffer aller Nationalitäten eint – doch noch weitaus erstaunlicher ist es, dass auf eine immer noch weitgehend verbotene Pflanze eine ganze Industrie aufbauen kann.

Print- und Online-Hanfmagazine mit Namen wie *Hightimes, Highway* oder *Marijuana Business Daily* und zahllose Blogs und Websites halten ihre Leserschaft regelmäßig über Innovationen auf dem Laufenden, geben Grow-Tipps und berichten über Events in der Welt des Hanfs. Parallel dazu hat sich eine Art Cannabis-Merchandising-Industrie etabliert, die so unentwegt eine Fülle von Hanfutensilien auf den Markt wirft wie Modeketten ihre aktuellen Modelle der Saison. Vom Zigarettenpapier aus Hanf über spezielle Kräutermühlen bis hin zu Wasserpfeifen und ›Bongs‹ – spezielle Wasserpfeifen ohne Schlauchstück –, wahlweise aus Glas, Metall, Bambus und so gut wie jedem anderen gewünschten Material, gibt es alles zu kaufen, was das Kiffen und Pflänzchenziehen zum Kult macht. Die sogenannten ›Headshops‹ versorgen die Raucher mit verschiedenstem Zubehör, die ›Growshops‹ kümmern sich wiederum um die Belange der Pflanzenzüchter und bestücken sie mit allen erdenklichen Systemen für das heimliche Ziehen von Marihuanapflanzen. Die Produktvielfalt dieser Shops entspricht der eines großen Supermarkts. Die Kunden schlendern an Regalen mit den Spezialdüngemitteln entlang wie an einem gut sortierten Joghurtregal.

Tipps bekommen unerfahrene Grower von allen Seiten. Im Internet werden ernsthafte Probleme diskutiert: »Blattläuse und Marihuana: Prävention, Identifikation und Behandlung« oder Möglichkeiten des Energiesparens erörtert: »Zu LED-Belichtung wechseln? Hier steht, was du wissen musst«.

Den größten Raum nehmen Informationen über den Anbau und die Bewertungen der verschiedenen Cannabissorten ein. Diese bekommen alljährlich auf internationalen Cannabiswettbewerben die große Bühne. Neue Sorten werden verkostet, bewertet und prämiert wie edelste Weine. Die Juroren

Dieser Mann kann alles: säen, kiffen und ernten zugleich. Ab 1967 klickten dafür die Handschellen gleich drei Mal.

betrachten die getrockneten ›Buds‹ durch Lupen, prüfen ihren Geruch und Geschmack, analysieren Wachstumseigenschaften der Pflanzen und Reifezeiten sowie die Reifedauer der Blüten.

Mutter all dieser Veranstaltungen ist der ›High Times Cannabis Cup‹. Diese vom gleichnamigen amerikanischen Cannabismagazin organisierte Kiffer-Olympiade fand erstmals im Jahr 1988 in Amsterdam statt. 2010 konnten die von einem Künstler gestalteten goldenen Trophäen in Kelchform, mit einem Cannabisblatt und sich um den Stiel windender Kundalinischlange, auch in San Francisco in der Ära der Legalisierung überreicht werden.

Die Kriterien der Jury sind klar definiert:

> *Der High Times Cannabis Cup zeichnet jene aus, die durch den Anbau die Evolution des freundlichen Wunders Marihuana vorantreiben. Leute, die aus Ganjas heiligem Gral trinken, erwecken ihre Seele und verstärken ihren Energiefluss in Richtung kreativer Beschäftigung mit dem Leben selbst. Möge die gesamte Welt durch Cannabis entspannt und geheilt werden.*[26]

Alles klar? Ja, eigentlich schon.

Im Jahr 1995 tauchte in Kalifornien mit ›OG Kush‹ eine Cannabissorte auf, von der bis heute niemand mit Sicherheit sagen kann, woher sie eigentlich kam, die jedoch von jedem, der sie verkostete, für außergewöhnlich befunden wurde. Vielleicht verleiht gerade der mysteriöse Ursprung des ›OG Kush‹ seinen Nimbus. Die einen vermuten die Wurzeln der kräftigen und mit einem speziellen Zitrusaroma gesegneten Sorte in Florida, wo das Kraut ursprünglich ›Krippy‹ hieß und angeblich als Steckling seinen Weg nach Los Angeles fand. Andere glauben, in ›OG Kush‹ einen Ableger der ebenfalls beliebten und kräftigen Sorte ›ChemDawgs‹ zu erkennen. Wie dem auch sei, schon bald wuchs ›OG Kush‹ in den meisten der versteckten Gärtchen entlang der Westküste. Als Rapstars wie Snoop Dogg und zwei Dutzend andere seiner Kollegen begannen, ›OG Kush‹ in mal mehr, mal weniger gelungenen Reimen zu besingen, erlangte die Sorte Kultstatus.

Bet you get high but I ain't smoking with the rest though.
Cause if it's in my joint, believe that it's the best smoke.
I'm talking OG Kush from the West Coast.
Watch how you hit it, just one bit will burn your chest, though.[27]

›OG Kush‹ kann für sich in Anspruch nehmen, als erste namentlich genannte Grassorte Eingang in die populäre Alltagskultur und damit in die Geschichte gefunden zu haben. Die Bedeutung des Namens wird viel diskutiert. Die einen vermuten, ›OG‹ stehe als Abkürzung für ›Ocean Grown‹, die anderen behaupten, es bedeute ›Original Gangster‹, vielleicht wegen der Rapper. Die Anhänger der ersten Vermutung überwiegen. Und alle lieben ›OG Kush‹.

Bei diesem unentwegten Seiltanz zwischen den Verboten und strafrechtlicher Verfolgung auf der einen, dem Kult und der Glorifizierung auf der anderen Seite gerät leicht in Vergessenheit, dass sich letztlich alles nur um eine Pflanze dreht. Um eine einzige der bislang 390 000 bekannten Spezies, die auf diesem faszinierenden Erdenrund entstanden sind. Aus dem Weltall betrachtet, meint der amerikanische Botaniker Karl Joseph Niklas, wirke der Planet Erde blau, doch tatsächlich sei die Welt grün, eine Pflanzenwelt.

Geht es nach den Konsumenten, sollen die Hanfpflanzen jedem Superlativ gerecht werdend bis in den Himmel wachsen.

So gesehen sind Menschen und Tiere lediglich die Flöhe im grünen Pelz des Erdballs. Pflanzen sind die Grundlage allen Lebens. Sie waren schon lang vor uns da, sie werden uns überdauern, sie sind tatsächlich die wahrscheinlich erfolgreichste Erfindung der belebten Natur. Pflanzen stellen 99,5 Prozent der gesamten Biomasse. Ihr Bauplan macht sie widerstandsfähiger als jedes Säugetier. Ihre Körperfunktionen werden nicht von hochspezialisierten Organen gesteuert, sondern sind modular im gesamten Pflanzenkörper verteilt. Ein Baum wird den Verlust eines großen Astes besser verkraften als wir den Verlust eines Beines. Ihm wächst einfach ein neuer Ast nach.

»Die Pflanzen sind das Verbindungsglied zwischen Erde und Sonne«, schrieb der russische Botaniker Kliment Timiryazew (1843–1920). Wir sind unmittelbar von ihnen abhängig. Wir ernähren uns von ihnen, atmen ihren Atem und kennen dennoch meist nicht einmal ihre Namen und Familien. In einer Welt ohne Pflanzen könnte die Menschheit höchstens ein paar Monate überleben. Die Pflanzenwelt hingegen käme hervorragend ohne den *Homo sapiens* aus.

Die Idee, eine Pflanze zu verbieten, ist, so das Credo der Cannabisbefürworter, angesichts der uns umgebenden botanischen Fülle absurd und so sehr Ausdruck der Entfremdung von der Natur wie die Manifestation der menschlichen Hybris in einer Welt, die er nur zu Bruchteilen versteht.

Pflanzen leben in anderen zeitlichen Dimensionen als wir. Ihre Bewegungen sind so langsam, dass wir sie kaum mitverfolgen können in unserer Hast, und erst mit dem Zeitraffer wird sichtbar, wie sie wachsen und sich zum Licht hin wenden. Ihre Kommunikation findet auf für uns unverständlichen

Wegen statt, über Wurzeln, Pilzmyzele und über Gerüche. Sie sind ein Teil jener vielen Entitäten, die uns fremd und unbegreiflich bleiben. Wir haben keine Wurzeln, die nach Nahrung tasten, wir haben nicht die Fähigkeit zur millimetergenauen Echoortung wie die Fledermäuse, die uns durch die Finsternis dirigieren könnte, und wir werden nie wissen, was ein Fisch im Schwarm empfindet, wenn er die Bewegungen des Kollektivs erspürt und mit Tausenden anderen Fischen zu einem einzigen großen Organismus verschmilzt. Wir können nur begrenzt viele Farben sehen, nur begrenzt Tonhöhen und -tiefen erfassen und die Geschwindigkeit der anderen lediglich an unserer eigenen messen. Wir können nur demütig anerkennen, dass wir Teil eines unbegreiflichen zusammenhängenden Ganzen sind.

Vielleicht ist es kein Zufall, dass ausgerechnet die philosophischen Traditionen Indiens, der Heimat des psychoaktiven Hanfs, dieser Unwissenheit über die wahre Natur der Dinge so großen Raum einräumen, wie in der kürzesten der *Upanishaden*, der zwischen 100 und 500 vor unserer Zeitrechnung verfassten *Isha-Upanishad:*

> *Diejenigen, die alle Wesen in sich selbst sehen*
> *Und sich selbst in allen Wesen sehen, kennen keine Furcht.*
> *Diejenigen, die alle Wesen in sich selbst sehen*
> *Und sich selbst in allen Wesen, kennen kein Leid.*
> *Wie kann die Vielfalt des Lebens denjenigen betrügen,*
> *der seine Einheit sieht?* [28]

Tatsächlich wird derjenige, der sich ein wenig auskennt, überall Pflanzen mit psychoaktiven Inhaltsstoffen finden. Bewusstseinserweiternde Gewächse umgeben uns, sie wachsen in unseren Gärten und zieren unsere Heime als Zimmerpflanzen. Viele sind von weitaus stärkerem Kaliber als der Hanf, sie können Halluzinationen hervorrufen und bei einer Überdosis zum Tod führen. Dennoch waren Rauschzustände durch Pflanzen wie der Peyote-Kaktus, der Wahrsagersalbei, Tollkirsche, Alraune, Bilsenkraut sowie psychoaktive Pilze seit jeher Teil des menschlichen Erfahrungsschatzes.

In der sechsten Klasse lernten wir im Biologieunterricht, die Mundwerkzeuge des Europäischen Flusskrebses zu benennen und zu zeichnen. Die komplizierten Mandibeln, Maxillen und Kieferfüße hatten nicht das Geringste mit den Zähnen zu tun, mit denen wir von unseren Pausenbroten abbissen. Obwohl wir längst gelernt hatten, wie man durch beherzten Griff in die Unterwasserhöhlen am Bachufer wenig erfreute und entsprechend mit ihren Scheren zwickende Flusskrebse hervorzieht, war uns die faszinierende Welt der Krebskiefer bislang verborgen gewesen.

Seither weiß ich, dass wir nichts wissen, und diese Erkenntnis besteht bis heute. Sie hat sich lediglich zur Gewissheit verdichtet.

Allein die Hanffrauen schenken den süßen Traum. Ob das dem Maler Alfred Zimmermann bei der Wahl des Sujets bewusst war? Haschisch, *1901.*

Synthese
Tod und Teufel

Nichts wird so fest geglaubt wie das, was am wenigsten bekannt ist.

MICHEL DE MONTAIGNE

Acht Jahrzehnte sind seit der Cannabis-Prohibition vergangen, sie währt nun schon ein ganzes langes Menschenleben. Millionen von Verhaftungen, zig Milliarden Dollar und Euro sind im Krieg gegen die Drogen verpufft. Drogenkartelle und Drogenmilliardäre, kriminalisierte Konsumenten, eine breite Grauzone illegalen Growens und heimlichen Rauchens sind derweil entstanden. Das Kiffen ist offenbar nicht auszurotten.

Laut dem *UNDC Drug World Report 2018* greifen weltweit schätzungsweise 193 Millionen Menschen regelmäßig zu Cannabis. Die Strafverfolgungsbehörde der Europäischen Union, kurz Europol, schätzt die Anzahl der Cannabiskonsumenten in der EU auf 22 Millionen und den Wert der jährlich ebenda in Umlauf gebrachten Cannabisprodukte auf 8,4 bis 12,9 Milliarden Euro. Vorsichtigen Schätzungen zufolge gaben EU-Bürgerinnen und -Bürger im Jahr 2017 bis zu 31 Milliarden Euro für Drogen aus, was dem dreifachen Gewinn von Europas mächtigstem Unternehmen, der Daimler AG, im selben Jahr entspricht. Für 2016 führt die Europol-Statistik 763 000 sogenannte ›Sicherstellungen‹ an. Insgesamt wurden dabei 424 Tonnen Cannabisharz und 124 Tonnen Blüten beschlagnahmt. 2016 erfolgten 766 000 dokumentierte Verhaftungen in der EU wegen Cannabis, wobei Länder wie Frankreich, Schweden und neun weitere Nationen in der *European Monitoring Center for Drugs and Drug Addiction*, EMCDDA-Statistik gar nicht erfasst sind.

Das meiste in Europa konsumierte Cannabis kommt über die durch Spanien führende Hauptschmuggelroute aus Marokko, gefolgt von Afghanistan, Pakistan und dem Libanon. Doch die illegale innereuropäische Produktion hat in den vergangenen Jahren mächtig nachgezogen und beginnt die Importware zu verdrängen. Das, so die UNDC-Studie, »scheint sich auf die Geschäftsmodelle externer Produzenten ausgewirkt zu haben«. Andere Distributionskanäle, wie beispielsweise das Darknet, spielen mittlerweile eine tragende Rolle.

In nur fünf Jahren, von 2012 bis 2017, stießen die Drogenfahnder auf 620 Sorten neuer synthetischer Drogen, und die meisten von ihnen, so urteilt nicht nur der Direktor einer österreichischen Haftanstalt, seien brandgefährlich, weil sie »den Leuten innerhalb kürzester Zeit das Hirn aus dem Schädel blasen«.

Das große Geschäft mit Cannabis ging freilich die längste Zeit am Fiskus vorbei. Den Finanzministern aller Länder entgingen jährlich Steuereinnahmen in Milliardenhöhe, was sich nun mit der Legalisierung ändert. Das legale Geschäft mit dem Hanf machen mittlerweile Großkonzerne, die es sich leisten können, den komplizierten und teuren gesetzlichen Auflagen zu entsprechen, und daher die kleinen Growbetriebe rasant aufkaufen, wie auch, etwa in Südafrika, ganze Landstriche mit besonders vorteilhaften Wachstumsbedingungen.

Neue Drogen, neue Gefahren, doch eine alte Geschichte.

Für einen winzigen Augenblick lässt uns Cannabis hinter den Vorhang an der Grenze unserer Wahrnehmungen schauen. Hannah Cohoon, Der Baum des Lichts oder Leuchtender Baum, *1845.*

1898 brachte der Pharmakonzern Bayer das Medikament *Diacetylmorphin* auf den Markt und gab ihm den Markennamen ›Heroin‹. Es handelt sich um eine Substanz, die aus dem getrockneten Milchsaft des Schlafmohns gewonnen wurde. Bis zum Inkrafttreten der internationalen Opium-Abkommen im Jahr 1931 verdiente der Konzern ein Vermögen damit.

1862 nahm der Arzneimittelproduzent Merck die kommerzielle Produktion von ›Cocainum‹ aus den Blättern des Kokastrauchs auf. Nicht nur Sigmund Freud bestellte mit Begeisterung das heute als Kokain bekannte weiße Pulver.

Derzeit forschen weltweit Pharmakonzerne über Herstellungsweisen synthetischer Cannabinoide für cannabisbasierte Medikamente, von denen eine Handvoll seit kurzer Zeit in manchen Ländern wie auch Deutschland, Österreich und der Schweiz ärztlich verschrieben werden. Und wieder erweist sich die im Labor produzierte synthetisierte Form als weitaus gefährlicher als die aus der ursprünglichen Pflanze gewonnene. Wie in den USA steigt seit Kurzem auch in Europa die Zahl der nach dem Konsum illegal hergestellter synthetischer Cannabinoide zu beklagenden Toten.

Dem gegenüber stehen laut der WHO weltweit jährlich 3,3 Millionen Alkoholtote und knapp 200 000 Menschen, die allein in den USA in den vergangenen 15 Jahren an der Sucht nach verschreibungspflichtigen opioidhaltigen Schmerzmitteln starben.

Die einzige Methode, sich mit natürlichem Cannabis umzubringen, besteht darin, sich an einem Hanfseil aufzuknüpfen.

Portraits

Bis heute herrscht, wie eingangs bereits erwähnt, keine Einigkeit über die botanische Systematik des Hanfs. Carl von Linné nahm im Jahr 1753 an, es handle sich bei *Cannabis sativa* um eine monotypische Gattung mit nur einem einzigen Vertreter. Sein Kollege de Lamarck widersprach ihm dreißig Jahre später und postulierte 1785 den indischen Hanf, *Cannabis indica*, aufgrund seiner berauschenden Inhaltsstoffe und der gedrungenen Wuchsform als eigene Art der Gattung Hanf. 1926 brachte der russische Botaniker D. E. Janischewsky Verwirrung ins aufgestellte System, als er mit *Cannabis ruderalis* eine dritte, kleinwüchsige und THC-arme Hanfart entdeckt zu haben glaubte. Anfang der 2000er-Jahre fasste schließlich Karl W. Hillig den Entschluss, die Angelegenheit gründlich wissenschaftlich zu untersuchen. Nach genetischen, morphologischen und chemotaxonomischen Analysen von 157 Cannabispflanzen aus aller Herren Länder kam er 2005 zu dem Schluss, die Gattung Hanf sei tatsächlich lediglich in die beiden Arten *Cannabis sativa* und *Cannabis indica* zu unterteilen.

Für die kommerzielle landwirtschaftliche Nutzung von Hanf für die Erzeugung von Papier, Textilien, Dämmmaterialien und Nahrungsmitteln dienen ausschließlich Zuchtsorten von *Cannabis sativa*. Die für den Anbau erlaubten Sorten werden streng auf ihren THC-Gehalt hin geprüft und in einer alljährlich erneuerten EU-Sortenliste geführt.

Letztlich ist es doch nur eine Pflanze. Eine wunderbare.

Cannabiszüchter haben seit den 1960er-Jahren ihrerseits teils im Untergrund, teils innerhalb des legalen Rahmens wie etwa in Holland und später auch in den USA ein ausgedehntes Feld unterschiedlicher Subspezies und Sorten gezogen. Alljährlich erscheinen neue ›Strains‹ mit so sprechenden Namen wie ›Chemdawg‹, ›Tangerine Dream‹ und ›Alaskan Thunder Fuck‹. In der Sortenbeschreibung ist der Stammbaum angegeben, in dem populäre Vorfahren gerühmt und verwandte ›Strains‹ erwähnt werden, und ausgewiesen wird, ob es sich um reine *Indica-*, *Sativa-* oder Hybridsorten handelt. Im Falle von Hybriden, also Mischformen, wird von sorgfältigen Züchtern auch noch das Verhältnis von *Sativa* und *Indica* angeführt. Die ›Strains‹ sind weltweit erhältlich, auf den Karten der Einzelportraits ist lediglich der jeweilige Entstehungsort verzeichnet.

Auch wenn es mittlerweile mehr als 2500 Varietäten gibt, stammen doch alle von einer überblickbaren Ahnenreihe ab, von lokalen, traditionellen Auslesen etwa aus Afghanistan, Afrika, Mexiko, Jamaika, Thailand, Kolumbien und Hawaii. Diesen Senioren zollt die mittlerweile globalisierte Growergemeinschaft nach wie vor größten Respekt. ›Afghani‹ und ›Hindu Kush‹ aus Afghanistan, ›Durban Poison‹ aus Südafrika, ›Maui Wowie‹ aus Hawaii, ›Kali‹ aus Jamaika sind nur eine kleine Auswahl der legendären ›Strains‹ aus den Pioniertagen der Züchter. Die verbreitetste Cannabissorte in den USA der 1960er-Jahre kam übrigens aus Kolumbien und hieß ›Columbian Gold‹. Ein beliebter Witz aus dieser Zeit lautete denn auch: »Gold ist alles, was wir haben.«

Faserhanf
Cannabis sativa

Hemp

Chanvre cultivé

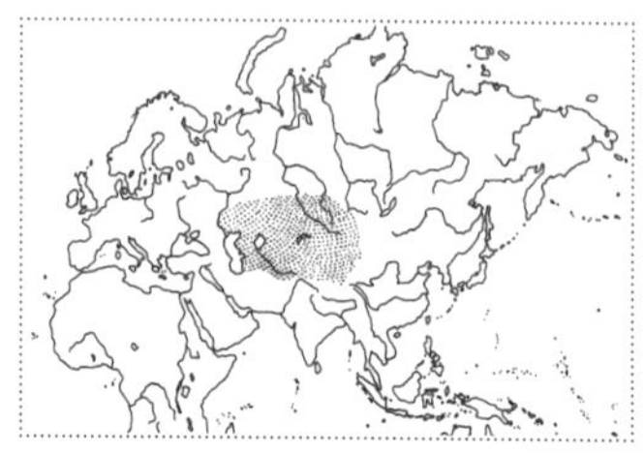

Um möglichst lange, gerade gewachsene Pflanzenstängel zu erhalten, wird der Faserhanf recht dicht angebaut. 200 Samen pro Quadratmeter kommen in die Erde, das sind doppelt so viele wie für den Öl- oder Samenhanf. Gesät wird ab Mitte April, die Ernte beginnt frühestens im August zum Zeitpunkt der einsetzenden Blüte.

Über den Blühbeginn hat jeder Hanfbauer per Gesetz Meldung zu machen. Daraufhin bekommt er Besuch von Vertretern der Landwirtschaftsbehörde. Sie nehmen Proben der Blüten und schicken sie in Säcken versiegelt zur Feststellung des THC-Gehalts in Prüflabore. Überschreitet eine Sorte mehrfach die 0,2-Prozent-Marke, wird die Sorte aus dem Verkehr genommen.

Die schwierigste Übung für Faserhanfbauern ist die Ernte. In Ländern wie etwa China, deren Hanftradition nie unterbrochen wurde, verfügt die Landwirtschaft noch über entsprechende Erntemaschinen. Nicht so die Bauern der EU, die sich derzeit noch in der Phase des Experimentierens befinden und sich erst mit umgebauten Mähdreschern an die Materie herantasten müssen. Nach dem Schnitt verbleiben die Pflanzen noch bis zu drei Wochen auf dem Acker und gehen durch die sogenannte Feldröste, ein Begriff, der sich von ›Rotte‹ und ›verrotten‹ herleitet, in der die Samen zum Nachreifen auf dem Feld liegen gelassen werden. Mikroorganismen bemächtigen sich der Pflanzen, lösen die Pektine auf, verleihen den Fasern sowohl ihre charakteristische Färbung als auch die Geschmeidigkeit.

Samenhanf
Cannabis sativa

Hemp

Chanvre cultivé

Der Anbau des für die Landwirte derzeit kommerziell weitaus interessanteren Samenhanfs nimmt größere Flächen in Anspruch. Auch hier listet die EU alljährlich die geeigneten THC-armen Sorten auf, und auch hier müssen die Landwirte sowohl um den Anbau ansuchen als auch den Zeitpunkt der Blüte bekannt geben.

Naturgemäß erfolgt hier die Ernte deutlich später, wenn die ersten Samen reifen und auszufallen beginnen. Das Dreschen von Hanf stellt eine echte Herausforderung dar. Zum einen muss das Erntegut noch feucht eingebracht und schnellstmöglich bei niedriger Temperatur getrocknet werden. Zum anderen ist das fasrige Hanfstroh eine Heimsuchung für alle rotierenden Maschinenteile, in denen es sich allzu gerne verwickelt. Auch für diesen Kraftakt benötigt man modifizierte Mähdrescher, von denen es derzeit bislang nur wenige im noch hanfunerfahrenen Europa gibt.

Da es unbefriedigend ist, entweder die Fasern oder die Körner ein und derselben Pflanze zu ernten, verlegen sich manche Hanfproduzenten mittlerweile auf eine kombinierte Ernte. Der optimale Reifezustand der Nüsschen gibt hier den Ausschlag. Da diese jedoch erst zu einem Zeitpunkt reifen, zu dem die Fasern bereits zu verholzen begonnen haben, bringt diese Kombi-Ernte einen Qualitätsverlust der Fasern mit sich.

Indisher Hanf

Cannabis indica

Indian hemp

Chanvre indien

Der Indische Hanf unterscheidet sich optisch deutlich von *Cannabis sativa*. Er wächst kompakter und bleibt mit maximal 1,50 Metern Höhe vergleichsweise niedrig. Dass er sich kräftig verzweigt, macht ihn für die Fasergewinnung uninteressant. Die Blätter der indischen Art sind kräftiger als die der *sativa*, die einzelnen Finger, wie auch die Blüte, breiter. Diese weist, ebenfalls im Gegensatz zu *Cannabis sativa*, eine starke Harzproduktion mit höherem THC-Gehalt auf.

Es gibt zahllose Unterarten des indischen Hanfs. Sie stammen ursprünglich aus Indien, Nepal, Afghanistan und Pakistan und sind optisch kaum voneinander zu unterscheiden.

Der durch *Cannabis indica* ausgelöste Rausch macht oft schläfrig und wirkt beruhigender als der weitaus anregendere und eher psychedelisch wirkende Rausch von *Cannabis sativa*. Hanfzüchter haben seit den 1960er-Jahren ein ausgedehntes Feld unterschiedlicher Subspezies und Sorten hervorgebracht, deren erster Ahnherr jedoch stets der THC-reiche Indische Hanf war. In der Sortenbeschreibung ist der jeweilige Stammbaum angegeben, etwa wenn populäre Vorfahren gerühmt und verwandte Strains erwähnt werden, und stets ist ausgewiesen, ob es sich um reine *Indica*-, *Sativa*- oder Hybridsorten handelt.

Original Haze
Brume d'origine

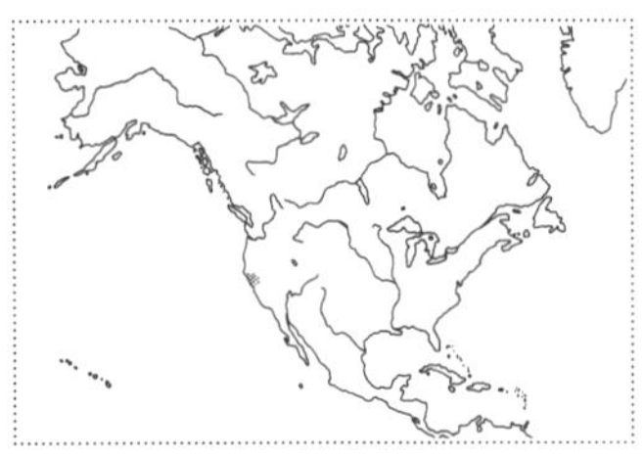

In den späten 1960er-Jahren entdeckte eine kalifornische Pioniergruppe, dass das Mikroklima ihrer Heimat Santa Cruz für *Sativa*-Sorten mit deren bekanntermaßen langer Reifezeit bestens geeignet war. Hier sind die bis Dezember andauernden Herbstmonate freundlich, warm und trocken. Die Grower, die als ›The Haze Brothers‹ Bekanntheit erlangen sollten, kreuzten traditionelle thailändische, mexikanische und kolumbianische Sorten. Das Resultat war ein Hybrid, dem sie den Namen ›Original Haze‹ gaben. Die neue Sorte war zwar vergleichsweise anspruchsvoll, weil die Pflanze sich nur langsam entwickelte, sehr groß wurde, spät blühte und sehr viel Zeit verging, bis die ›Buds‹ das richtige Reifestadium erreichten, doch sobald man das Kraut konsumierte, waren ihr all diese Eigenschaften verziehen. Sie gilt unter Kiffern bis heute als eine der besten Cannabissorten. Ihre Wirkung wird als elektrisierend und stimmungsaufhellend beschrieben, der Rauch selbst duftet nach Pinien und hat einen unverwechselbaren Geschmack. Um die Reifezeit zu verkürzen, kreuzte man später *Indicas* ein, und diese Versuche mündeten in den mittlerweile klassischen und vielbesungenen Sorten wie ›Super Silver Haze‹, ›Super Lemon Haze‹ und ›Skunk Haze‹. Alle Haze-Sorten bleiben jedoch in der Pflege äußerst anspruchsvoll, reifen langsam und sind wenig ertragreich. Da sie demzufolge für professionelle Grower uninteressant sind, ist ›Haze‹ auf dem Cannabismarkt nur selten zu finden. Wer ›Haze‹ erfolgreich zu ziehen weiß, gilt auf jeden Fall als Könner und Pflanzenversteher.

Skunk #1

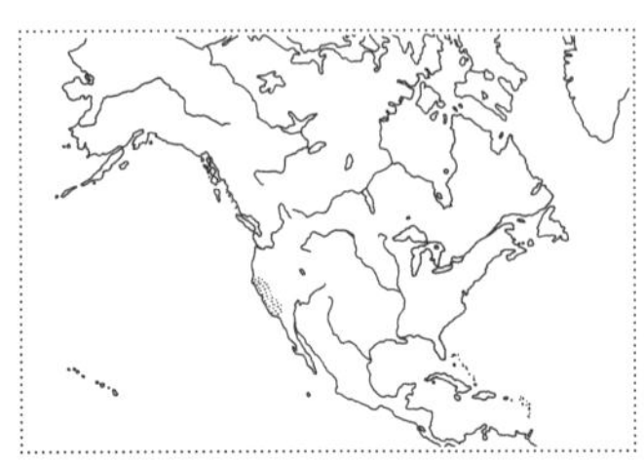

Der starke Geruch des verbrennenden Skunks war der Namensgeber dieser sorgfältig über lange Zeit hinweg gezüchteten Sorte. ›Skunky Weed‹ steht heute als Allgemeinbegriff für sehr gehaltvolle, starke Cannabiszüchtungen, aber das Stinktier Nummer Eins entstand in den 1970er-Jahren. Kalifornische Züchter namens ›Sacred Seed Co.‹ kreuzten die drei traditionellen Landsorten ›Afghani‹, ›Acapulco Gold‹ und ›Columbian Gold‹ über mehrere Generationen hinweg. Sie selektierten die Resultate so lange, bis eine Pflanze entstanden war, die allen Wünschen gerecht wurde. Eine echte Stinkbombe. Der Duft explodiert. Der Skunk der ersten Stunde war der Pionier der ›Cannabis-Hybrid-Strains‹, der Erste, der wirklich Furore machte, weil er ganz nach dem Geschmack der Szene war. Der über den Afghani eingekreuzte *Indica*-Anteil verhalf der Pflanze zu einer kurzen, robusten Blühphase und einer erfreulich reichen Ernte. Skunk #1 war nicht nur deshalb bald über die Grenzen hinweg gefragt, er war auch das erste bestens für den privaten Anbau geeignete Gras: unkompliziert und rasch großzuziehen, verlässlich im Ertrag. Selbst Anfänger wurden mit dem Skunk glücklich und durften ein kräftiges, intensiv riechendes, gehaltvolles Gras ernten. Der originale Skunk wurde Stammvater zahlreicher Sorten der zweiten Generation. Mit seiner Robustheit und dem reichen Ertrag setzte der ›Ur-Skunk‹ den Maßstab für ertragreiche, unkomplizierte Sorten.

Northern Lights

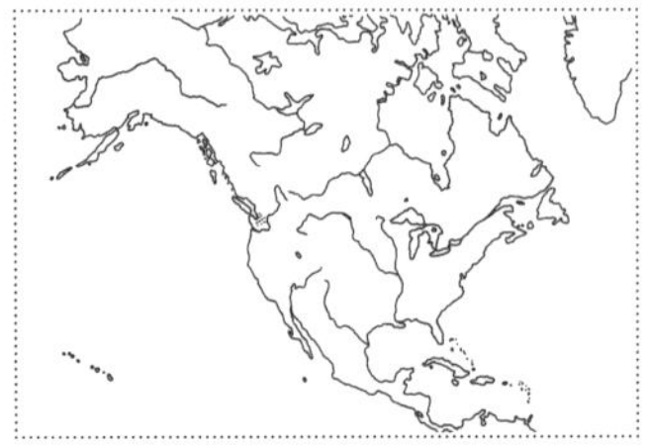

Die Legende besagt, ›Northern Lights‹ sei irgendwann in den 1970er-Jahren von einem Züchter, bekannt unter dem Pseudonym ›The Indian‹, auf einer Insel in der Nähe von Seattle entwickelt worden, doch Genaueres lässt sich nicht herausfinden, um diesen Mythos zu verifizieren. Fest steht, dass ›Northern Lights‹ in Holland weiter gezüchtet und vermehrt wurde und rasch zu einer der mit Abstand beliebtesten Sorten für Grower jedweder Provenienz avancierte und bis heute blieb. Die Pflanze ist das Resultat der Kreuzung diverser Landsorten aus Afghanistan und Thailand, allesamt *Indicas*. Sie ist dementsprechend schnellwüchsig, blüht kräftig, reift die Blüten schnell aus und produziert viel Harz. Privatanbauer schätzen die Sorte auch aufgrund ihrer außerordentlichen Robustheit. ›Northern Lights‹ gehört wie ›Skunk #1‹ zu den unkomplizierten ›Strains‹, mit denen auch Laien und Anfängern gute Erfolge beschieden sind. Mittlerweile gibt es die Sorte in der elften Generation, wobei ›NL#5‹ als die beste Variante gilt. Selbstverständlich ist der traditionelle ›Strain‹ auch Ahnherr verschiedener modernerer Sorten, wie beispielsweise ›Shiva Skunk‹ und der legendären ›Neville's Haze‹. ›Northern Lights‹ wird als beruhigendes, freundliches Gras mit entspannender Wirkung beschrieben, mit süßem Duft und von einem würzigen Geschmack.

White Widow

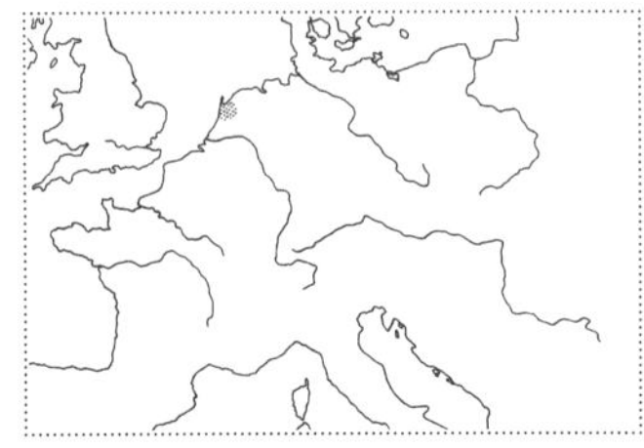

Brasilianische und indische Landsorten in den Händen der niederländischen Züchter ›Green House Seeds‹ brachten in den 1990er-Jahren eine Pflanze hervor, die so viele Harztröpfchen produzierte, dass die reifen Blüten wie überzuckert aussahen. Der Name ›Weiße Witwe‹ lässt erahnen, dass es sich um ein recht kräftiges Kraut handelt, dem weltweit weniger mit Vorsicht als vielmehr mit Euphorie begegnet wurde. Der *Sativa-Indica*-Hybrid zu gleichen Teilen wurde binnen kürzester Zeit zu einer der erfolgreichsten Züchtungen. Schnelles Wachstum, insbesondere in der Growbox, schnelle Reife, eine mächtige Ernte, und in den ›Buds‹ starker Inhalt, guter Geschmack. Was wollen private, vor allem aber kommerzielle Grower mehr. Auch diese modernere Version eines der, wie viele Foren behaupten, zehn besten ›Strains‹ hat etliche Nachkömmlinge gezeugt, wie zum Beispiel ›White Russian‹, ›White Rhino‹ und ›Blue Widow‹.

Literatur-auswahl

Charles Baudelaire: ***Die künstlichen Paradiese,*** übers. von Erik-Ernst Schwabach, München 1992.

Walter Benjamin: »Protokolle zu Drogenversuchen«, in: *Gesammelte Schriften,* Bd. IV, Frankfurt am Main 1991.

John Burnside: ***Lügen über meinen Vater,*** übers. von Bernhard Robben, München 2011.

Emanuele Coccia: ***Die Wurzeln der Welt. Eine Philosophie der Pflanzen,*** übers. von Elsbeth Ranke, München 2018.

Richard Davenport-Hines: ***The Pursuit of Oblivion,*** London 2012.

Alexandre Dumas: ***Der Graf von Monte Christo,*** übers. von August Zoller, Stuttgart 1900.

Heinz Duthel: ***Illegal Drug Trade,*** North Charleston 2011.

Steffen Geyer, Georg Wurth: ***Rauschzeichen. Cannabis,*** Köln 2015.

Adam Gottlieb: ***Legal Highs,*** Oakland 1992.

Théophile Gautier: »Im Haschisch-Club«, in: Ulf Müller, Michael Zöllner (Hg.): *Der Haschisch-Club*, übers. von C. Ruzicska, Berlin 2002.

Lester Grinspoon: ***Marihuana. Die verbotene Medizin,*** übers. von Dagmar Kreye, Frankfurt am Main 1994.

Jack Herer, Mathias Bröckers: ***Die Wiederentdeckung der Nutzpflanze Hanf,*** übers. von S. Emig u. a., Solothurn 2008.

Hermann Grassmann: ***Wörterbuch zum Rig-Veda,*** Wiesbaden 1885 [1995, 1991].

James A. Inciardi: ***Handbook of Drug Control in the United States,*** Greenwood 1990.

Walter Isaacson: ***Steve Jobs. Die autorisierte Biografie des Apple-Gründers,*** übers. von A. Gittinger u. a., München 2011.

Timothy Leary: ***Über die Kriminalisierung des Natürlichen,*** übers. von W. Pieper, Birkenau-Löhrbach 2013.

Marc Meier zu Hartum: »Die lustige Hanfbibel«, aus: *Die lustigen Fibeln. Reproduktion der Originalausgabe*, Bd. 4, Fichtenau 2017.

Stefano Mancuso: ***Aus Liebe zu den Pflanzen,*** übers. von Ch. Ammann, München 2017.

Julie Molland: ***The Pot Book. A complete Guide to Cannabis, it's Role in Medicine, Politics, Science and Culture,*** Vermont 2010.

Andreas Müller: ***Kiffen und Kriminalität. Der Jugendrichter zieht Bilanz,*** Freiburg 2015.

Pierer's Universallexikon, Altenburg 1857.

Michael Pollan: ***How to change your mind. The New Science of Psychedelics,*** USA / GB 2018.

Thomas de Quincey: ***Bekenntnisse eines Englischen Opiumessers,*** übers. von L. Heinemann, Köln 2019.

Christian Rätsch: ***Hanf als Heilmittel. Ethnomedizin, Anwendung und Rezepte,*** Solothurn 2016.

Christian Rätsch: ***Die »Orientalischen Fröhlichkeitspillen« und verwandte Aphrodisiaka,*** Berlin 1989.

Ricky Riccardi: ***What a Wonderful World. The Magic of Louis Armstrong's later Years,*** New York 2011.

Oliver Sacks: ***On the Move. Mein Leben,*** übers. von Hainer Kober, Berlin 2016.

Richard E. Schultes, Albert Hofmann: ***Pflanzen der Götter,*** Aarau 2001.

Carl Ferdinand Ritter von Vincenti: ***Der Dämon des Hanfes. Schriften des Vereins zur Verbreitung naturwissenschaftlicher Kenntnisse,*** Wien 1880.

Peter Wohlleben: ***Das geheime Leben der Bäume,*** München 2015.

Lynn Zimmer, John P. Morgan, Matthias Bröckers: ***Cannabis Mythen – Cannabis Fakten. Eine Analyse der wissenschaftlichen Diskussion, übers. von Claudia Müller-Ebeling,*** Solothurn 2004.

Anmerkungen

1 *Hundert Lieder des Atharva-Veda,* Buch 18. IV, 19., übers. von Julius Grill, Tübingen 1879.

2 Friedrich Schiller: *Theoretische Schriften. Prosaische Schriften. Zweite Periode,* »Briefe über Don Carlos«, 2. Brief, 1788.

3 Richard Davenport-Hines: *The Pursuit of Oblivion. A Social History of Drugs,* London 2002.

4 Peter Barton Hutt: *›Anslingerian‹ Politics. The History of Anti-Marijuana Sentiment in Federal Law* […], Harvard 1999.

5 Harry J. Anslinger: »Marihuana – Assassin of Youth«, in: *American Magazine,* Vol. 124, № 1, Juli 1937.

6 aus: »Hearing on H. R. 6906, July 12, 1937 Hearing Before a Subcommittee of the Committee on Finance United States Senate, Seventy-Fifth Congress, First Session on H. R. 6906-July 12, 1937: Statement of H. J. Anslinger, Commissioner of Narcotics, Department of the Treasury.

7 Hutt, a. a. O.

8 Dan Brown: »Legalize it all«, in: *Harper's Magazine,* April 2016.

9 G. Nahas, A. Greenwood: »The First Report of the National Commission on Marihuana […]«, in: *Bulletin of the New York Academy of Medicine,* Vol. 50, № 1, New York 1972, 55–75.

10 Herodot: *Die Neun Bücher der Geschichte,* Buch IV, 73–75.

11 Charles Baudelaire: »Die künstlichen Paradiese«, in: *Sämtliche Werke und Briefe,* Band VI, Bd. 6, übers. von F. Kemp, München 1992.

12 ebd.

13 Walter Benjamin: »Protokolle zu Drogenversuchen«, in: *Gesammelte Schriften,* Bd. IV, Frankfurt am Main 1991.

14 Harvard Medical School, »Mental Health Letter«, Vol. 4, № 5, November 1987.

15 *www.dhs.de/suchtstoffe-verhalten/illegale-drogen/cannabis.html*; letzter Zugriff: 2.2.2020

16 Lisa Rough, »Louis Armstrong and cannabis: The jazz legend's lifelong love of ›the gage‹«; *www.leafly.com*; letzter Zugriff: 2.2.2020.

17 Ricky Riccardi: *What a Wonderful World. The Magic of Louis Armstrong's later Years,* New York 2011.

18 ebd.

19 a.a.O., Atharva-Veda, Buch 23. IV, 17.

20 Christian Rätsch: *Hanf als Heilmittel*, Solothurn 2016.

21 Patrick Dewals: »Marijuana, Reconsidered: Dr. Lester Grinspoon On 45 Years Of Cannabis Science«, auf: *www.mitpress.com*; letzter Zugriff: 2.2.2020.

22 *druglibrary.net/schaffer/Library/studies/lag/lagmenu.htm*; letzter Zugriff: 2.2.2020.

23 *www.cannabislegal.de/studien/who/index.html*; letzter Zugriff: 2.2.2020.

24 Malcolm Lowry: *Unter dem Vulkan*, übers. von S. Rademacher, K. Graf, Reinbek 2010.

25 aus: Philipp Oehmke: »Willie Nelson im Gespräch«, in: *DER SPIEGEL*, 31.10.2015.

26 *www.cannabiscup.com*; letzter Zugriff: 2.2.2020.

27 Snoop Dogg: »Smokin' on«, aus dem Album: *Mac & Devin Go to High School*, 2011.

28 Hermann Grassmann, *Wörterbuch zum Rig-Veda,* Wiesbaden 1885 [1995, 1991].

Abbildungsverzeichnis

Seite 79 *Estrazione della canapa dal macero.* Giovan Francesco Barbieri, 1615.

Seite 84 *Selbstportrait von Charles Baudelaire unter dem Einfluss von Haschisch*, 1860.

Seite 88 *La fumeuse de Haschisch.* Émile Bernard, 1900.

Seite 91 *L'effetto dell'hashish.* Pasquale Liotta, 1875.

Seite 95 *Coin de table.* Henri Fantin-Latour, 1872.

Seite 99 *Louis Armstrong smoking a cigar.*

Seite 104 *Gebauter Hanf.* Wiener Dioskurides, ca. 512.

Seite 107 *Beauties of the Yoshiwara: Ayasato.* Suzuki Harunobu.

Seite 110 *Het gebruik en de gevolgen van bhang.* Unbekannter Künstler, 19. Jh.

Seite 113 *Hanf.* John Parkinson: Theatrum botanicum, 1640.

Seite 114 *La Grande Odalisque.* Jean-Auguste-Dominique Ingres, 1814.

Seite 115 *Dr. Poppy's Wonder Elixir.* Schild von 1946.

Seite 120 *Sister Sara.* Lagnaf Poster Co., 1960–70.

Seite 122 *The Hashish Smokers.* Gaetano Previati, 1887.

Seite 125 *Johnny Reeferseed*, in: Ann Arbor Sun, April 1967.

Seite 128 *Maximus.* Poster, 1970er Jahre.

Seite 132 *Haschisch.* Alfred Zimmermann, in: Jugend, 1901.

Seite 135 *Tree of Light.* Hannah Cohoon, 1845.

Seite 138 *Cannabis sativa.* Leonhart Fuchs: De historia stirpivm commentarii insignes, 1549.

Seiten 141–153 Illustrationen von Falk Nordmann, Berlin 2020.

Ute Woltron studierte Architektur an der Technischen Universität Wien. Sie arbeitet als freie Journalistin für österreichische und deutsche Medien, publizierte mehrere Bücher, schreibt eine Gartenkolumne in der Tageszeitung *Die Presse* und lebt als freie Autorin in Wien und auf dem Land.

NATURKUNDEN № 61
Erste Auflage Berlin 2020

NATURKUNDEN
herausgegeben von Judith Schalansky
erscheinen bei Matthes & Seitz Berlin
ermöglicht durch Jan Szlovak, Hamburg

Göhrener Straße 7, 10437 Berlin
info@matthes-seitz-berlin.de
info@naturkunden.de

EINBAND UND TYPOGRAFIE Pauline Altmann, Berlin
nach einem Entwurf von Judith Schalansky
TITELILLUSTRATION Pauline Altmann, Berlin
SCHRIFT Ingeborg von Michael Hochleitner/Typejockeys
LITHOGRAFIE Ieva Austinskaitė, Kaunas
HERSTELLUNG Hermann Zanier, Berlin
PAPIER 100 g/m² Fly 04 hochweiß, 1,2-faches Volumen
EINBANDMATERIAL Napura® Khepera von
Winter & Company GmbH, Lörrach
DRUCK UND BINDUNG Pustet, Regensburg

ISBN 978-3-95757-857-0

www.naturkunden.de
www.matthes-seitz-berlin.de